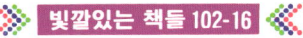

비원

글/주남철● 사진/주남철, 김종섭

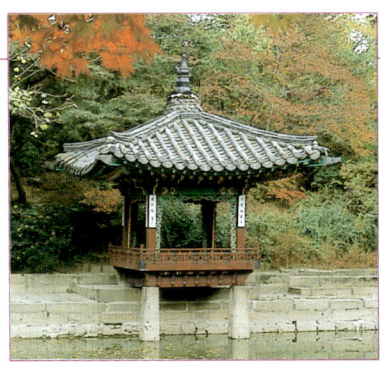

대원사

주남철 ───────

서울대학교 대학원에서 공학박사
학위를 취득하였고 현재 고려대학교
건축공학과 교수로 재직중이며, 문화
재위원이다. 저서로「한국 주택 건
축」「한국 건축 의장」「한국 건축
미」「韓國の傳統的 住宅」(구주대학
교 출판회)「이태리 르네상스 건축
사」등이 있으며 많은 수의 논문이
있다.

김종섭 ───────

본사 사진부 차장

비원

비원

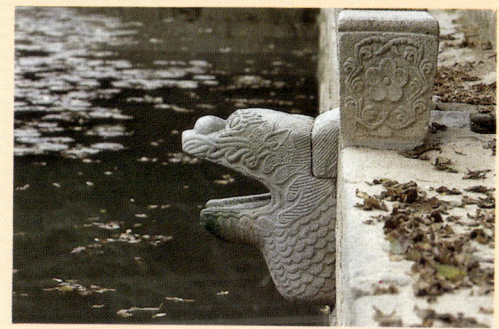

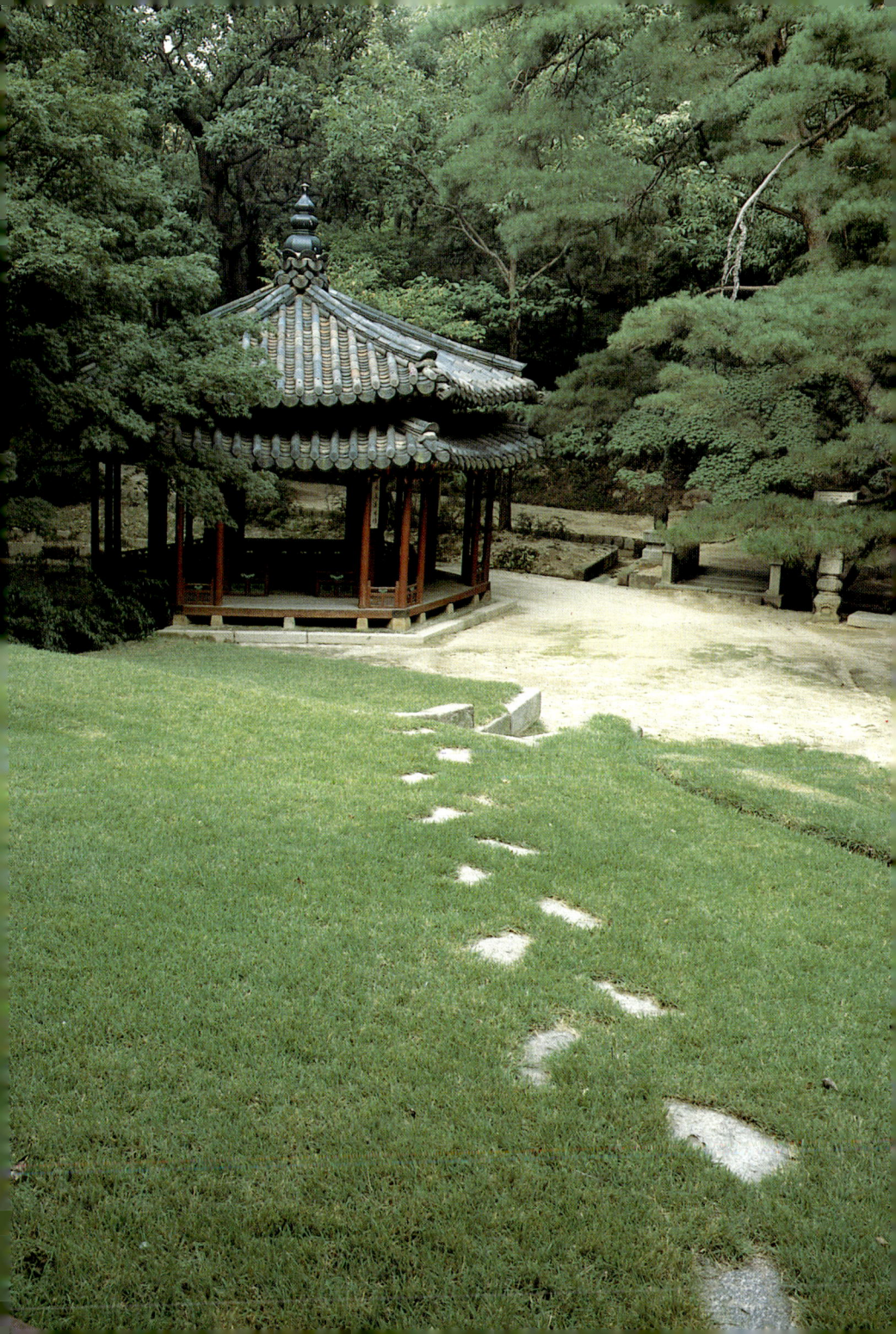

비원의 뜻

비원(秘苑)은 조선시대의 커다란 궁궐 곧 경복궁, 창덕궁, 창경궁, 경희궁, 경운궁의 하나인 창덕궁 뒤쪽에 자리잡은 정원으로 왕가에서 휴식을 취하던 곳이다.

본래 이곳은 비원이라 하지 않고 처음 만들어진 조선시대 초기부터 고종(高宗) 때까지는 후원(後苑), 북원(北苑) 그리고 금원(禁苑)으로 불려졌다. 조선시대의 옛 기록에서는 비원이라는 말은 보이지 않고 후원, 북원, 금원만이 보이는데 그 가운데서도 후원을 가장 많이 볼 수 있다.

창덕궁이 자리잡은 곳은 지금의 와룡동 남쪽이고 비원은 그 뒤인 북쪽이므로 후원 또는 북원이라 불렀으며, 한편 일반인의 접근이 금지되고 공개되지 않기 때문에 왕가에서는 금원 또는 고종 이후에는 비원이라 불렀다.

그러나 후원, 금원, 북원, 비원들은 결국 하나의 정원(庭園)인데, 이 정원이라는 말은 사실 일본인들이 만들어 낸 말이라 생각된다.

고려시대에는 원림(園林), 정원(庭院), 임천(林泉), 화원(花園) 등의 말들이 많이 쓰였고 고유 명사로 어떤 특정한 정원을 말할

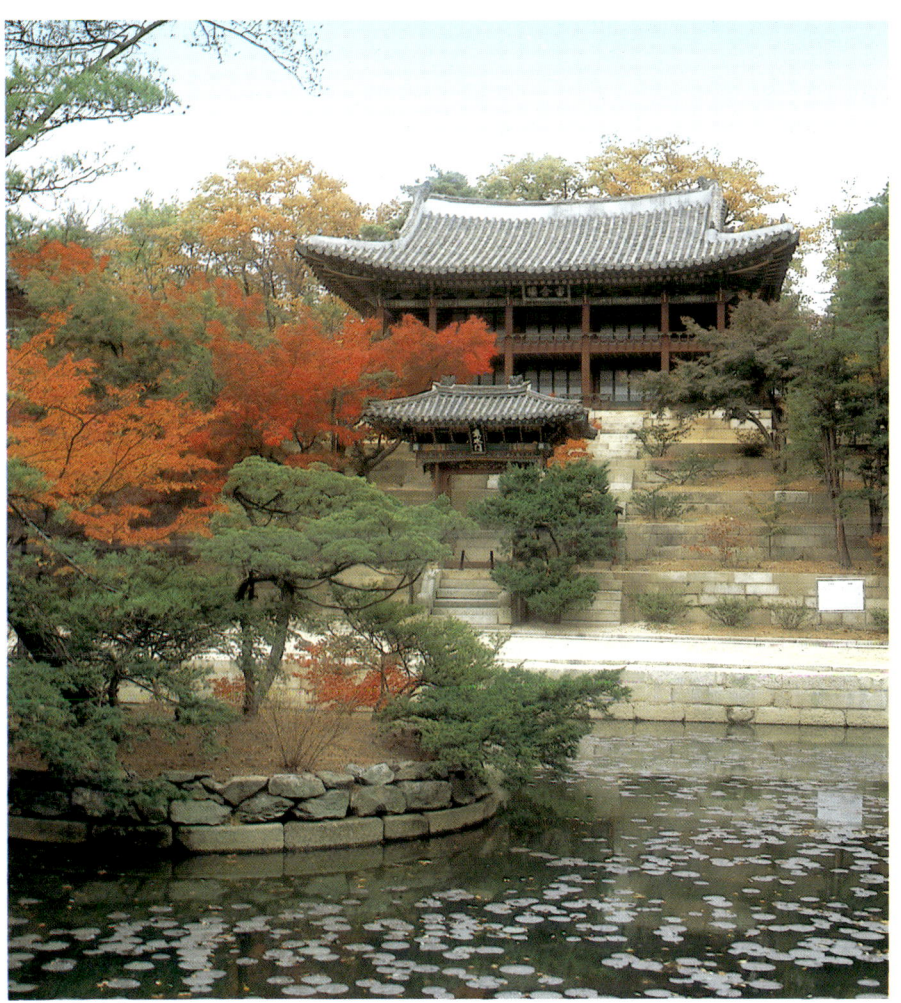

부용지와 주합루

때에는 제일 뒤쪽에 원(園)자만을 붙여 예컨대 '소쇄원(瀟灑園)' 등으로 썼다고 한다.

중국에서는 후한시대 허신(許愼)의 '설문(說文)'에 의하면 "과실 수를 심는 곳을 원(園)이라 하고 채소를 심는 곳은 포(圃), 또 새와 짐승을 기르는 곳을 유(囿)"라고 하였다. 그리고 원(園)과 같은 음으로 한나라 때 상림원(上林苑)에서부터 '원(苑)'자를 쓰기 시작하였고 제왕의 정원을 일컬어 '금원'이라 하였다.

한편 「대한한사전」에는 원(苑)은 '나라 동산'을 뜻하므로 "금원유 야(禁苑囿也)"라 하였다. 유(囿)는 '엔담(사방을 둘러 쌓은 담)'으로서 "원유원(苑囿垣)" 곧 원(苑)에 담장을 둘렀을 때 이를 유라고 한다.

이렇게 볼 때 우리가 그동안 사용해온 비원이라는 말은 사실 후원으로 고쳐 부르는 것이 마땅하고 왕의 동산이라는 뜻에서는 금원이라 부르는 것이 가장 좋다고 생각된다.

후원의 역사

　창덕궁 후원이 만들어진 것은 조선시대 초기인 태종 때라 생각된
다. 왜냐하면 「왕조실록(王朝實錄)」에 "태종 5년 10월 창덕궁이
세워졌다"는 기록과 이듬해인 "태종 6년 4월 창덕궁 동북쪽에 해온
정(解慍亭)을 지었다"는 내용을 찾아볼 수 있어 이 창덕궁 동북쪽이
바로 지금의 비원 곧 후원이 있는 곳이라 생각되기 때문이다.

　그리고 이 해온정이라는 정자 앞에는 연못이 있었는데 여기에서
잔치를 벌이고 등놀이도 하였다.

　해온정은 태종 14년에는 신독정(愼獨亭)이라 이름을 고쳤는데
세종 때부터는 별로 이 신독정의 이름이 오르내리지 않고 있는 이유
는 아마도 세종이 창덕궁보다 경복궁에 즐겨 머물렀던 까닭이라
생각된다. 또 한편으로는 세월이 흐르면서 이 정자가 사용되지 않아
자연히 없어진 것이 아닌가도 생각된다.

　태종 6년(1406) 5월 27일에는 인소전(仁昭殿)을 창덕궁 북쪽에
짓도록 하여 그 터를 잡고 일을 시작하였으며 같은 해 8월 22일
이 곳에 신의왕후(神懿王后)의 신위(神位)를 모셨고 2년 뒤인 태종
8년 8월 26일에는 이름을 문소전(文昭殿)으로 바꾸도록 하였다.

　세조 때에는 후원 좌우에 연못을 파게 하였다는 기록이 「세조실

록」5년(1459) 9월 26일 기록에 보이고 또 세조 7년(1461) 11월에 "열무정(閱武亭)에 행차하였다"는 기록으로 보아 이 열무정은 세조 5년에 판 연못 주위에 있었던 것으로 생각된다.

또 예종 때에도 후원에서 습진(習陣 ; 적을 뒤쫓아가 공격하는 연습)이 있을 때 이 열무정에 행차하였다는 기록이 있고,「궁궐지(宮闕誌)」에는 열무정 북쪽에 '사정기(四井記)'를 쓴 비석을 세워둔 비각(碑閣)이 있다고 하였다.

지금 부용지(芙蓉池) 서쪽에 마니(摩尼), 파리(坡璃), 유리(琉璃), 옥정(玉井)의 네 개 샘에 대하여 기록한 비각 곧 사정기비각(四井記碑閣)이 서 있다.

세조는 후원을 확장하였다. 세조 8년(1462) 정월에 동쪽 담장을 넓게 쌓고자 하여 둘레 4,200자(약 1,272미터)로 그 안에 있던 백성의 집 73채를 헐었다. 또 58채의 집들을 헐어 북쪽 담장도 넓게 쌓아 후원의 경계가 지금처럼 성균관에 가깝도록 하였다. 이때가 세조 9년(1463)이다.

창덕궁 후원이 넓어지면서도 왕과 왕의 가족들이 쉬던 곳이 난잡한 놀이터로 변한 것은 연산군 때이다.

연산군 3년(1497) 초에 후원의 서쪽 담장을 높이 고쳐 쌓게 하여 궁 밖 사람들이 궁 안의 놀이를 들여다보지 못하게 하였고, 또 9년(1503)에는 동쪽 담장과 서쪽 담장 아래쪽의 집들을 모두 헐게 하였다. 더욱이 10년(1504)에는 성균관이 후원과 근접하고 있다고 하여 성균관을 다른 곳으로 옮기게 하였다.

연산군은 더 나아가 재위 11년(1505) 5월에는 새로 대(臺)를 쌓을 것을 명하였으니 이것이 서총대(瑞蔥臺)이다. 돌을 10자 높이로 쌓고 주위에 돌난간을 둘렀으며 1,000여 명이 앉을 수 있는 넓이로 만들었다. 또 대 앞에는 큰 연못을 파게 하였는데 감독만 900여 명이고 일꾼들은 수만 명이었고 양쪽 강에 배들을 띄우게

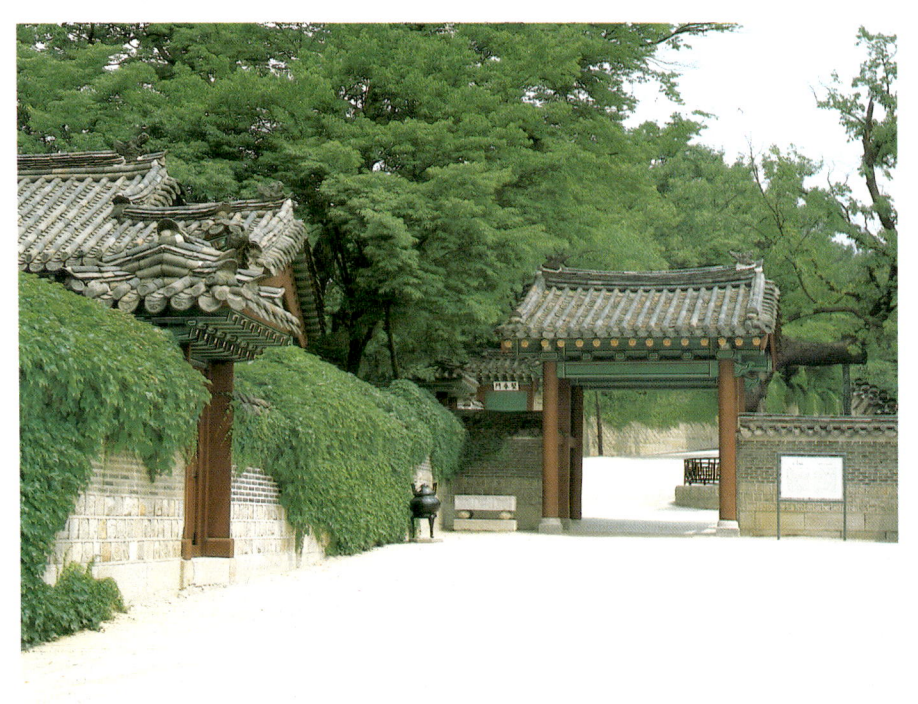

창덕궁에서 비원으로 들어가는 입구 창덕궁과 창경궁이 만나는 낙선재 뒤쪽 지점 곧
창덕궁의 내의원 동쪽 담장을 끼고 북쪽을 바라보면 두 개의 대문이 서 있는데 오른
쪽이 창경궁으로, 왼쪽이 후원으로 들어서는 대문이다. 위 정면에 보이는 대문이
후원으로 들어서는 문이다.

하였다. 그러나 연산군이 왕위에서 쫓겨남으로써 공사는 중단되었고 중종 때 모두 철거되었다.

임진왜란 이전까지 창덕궁 후원에 일어난 일들은 이들말고도 성종 8년(1477) 3월 3일 선공감(繕工監)에 명하여 후원에 채상단(採桑壇)을 쌓게 한 일도 있으니 이는 왕비가 양잠(養蠶)을 장려하던 일과 관계있으며 뒷날 1911년 후원의 주합루(宙合樓) 서쪽 서향각(書香閣)에 양잠소를 만들게 한 일과 연결된다고 하겠다.

또 임진왜란(선조 25) 전인 선조 7년(1574) 8월 9일에는 후원에 새 정자 두 칸이 있었는데, 여염집들을 내려다볼 만하여 임금이 증축케 하였는데 대간(臺諫)들이 증축하지 않을 것을 간하였으나, 임금이 허락치 않았다. 또한 선조 16년(1583) 9월 8일에는 후원(여기서는 禁苑으로 기록됨)에 말이 달리는 길을 만들어 기사를 시험케 하라는 명이 있었으나 선대에서 없었던 일이니, 하지 않을 것을 간하였으나 임금께서 듣지 않았다는 기록이 보인다.

그 뒤 임진왜란으로 창덕궁은 모두 불타고, 후원도 그 피해가 심하였다.

임진왜란이 끝나고 광해군이 영건청(營建廳)을 두어 여러 건축공사를 강행하자 삼사(三司;사헌부, 사간원, 홍문관)에서 영건청을 없앨 것을 간하였던 일이 있다. 이에 광해군은 "근일 영건청을 없애라는 삼사의 논의가 있었는데 그 말은 옳다.… 책방(冊房)을 만들고자 하는 것은 한가롭게 놀 곳을 만들고자 하는 것이 아니라… 몸과 마음이 불안할 때 쉴 곳이 없어 책방을 만들어 몸과 마음을 고치는 별당(別堂)으로 하고자 하는 것이니 영건청을 폐하기는 어렵고… 환경전(歡慶殿), 영화당(暎花堂) 같은 것은 영조(營造)하지 말도록 하여 공의(公議)에 따르겠다"는 기록이 「광해군 일기」 2년 2월 을미조에 보이고, 이 기록 밑에 "이 여러 전각의 건축일들은 모두 먼저 이루어졌다. 또 별전 여러 곳도 만들어졌다"고 되어 있다.

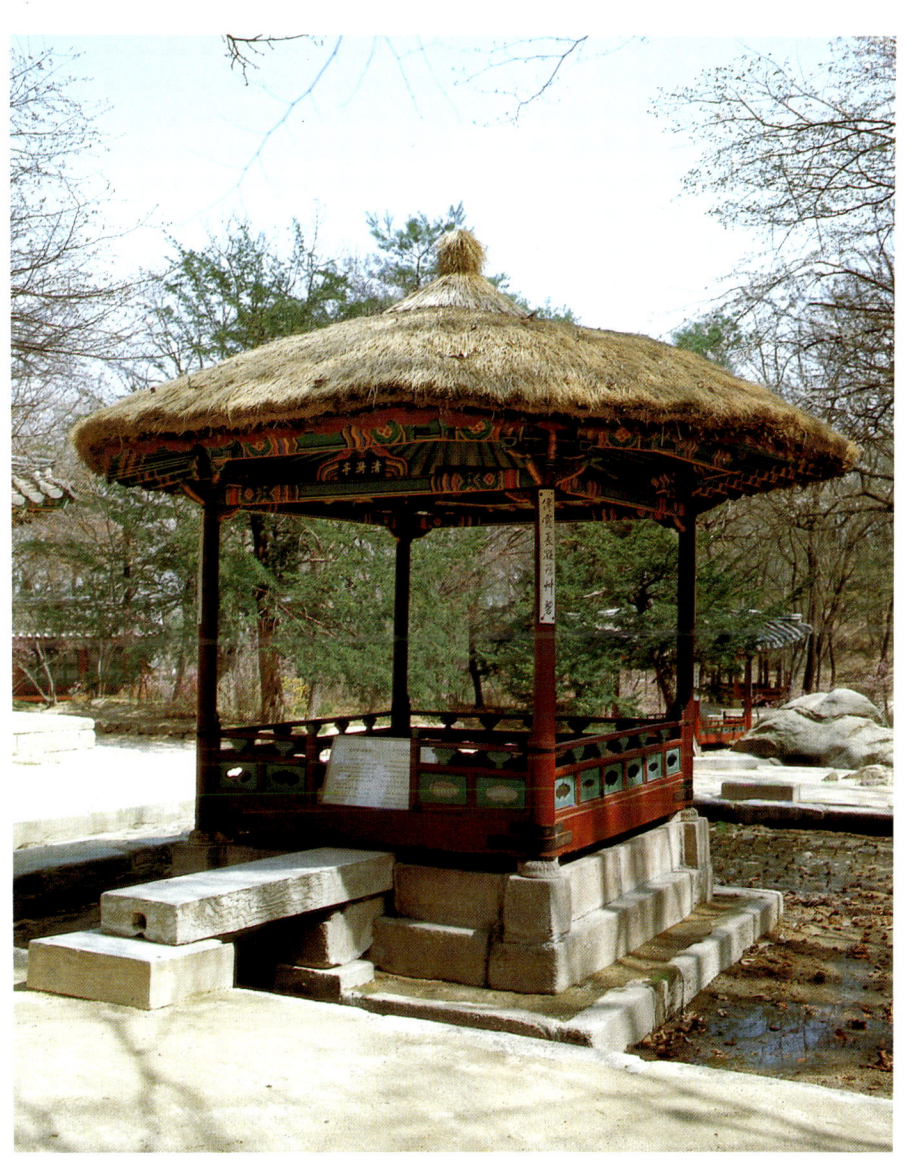

청의정 인조 14년(1636)에 세운 정자로 지붕을 볏짚으로 이었다.

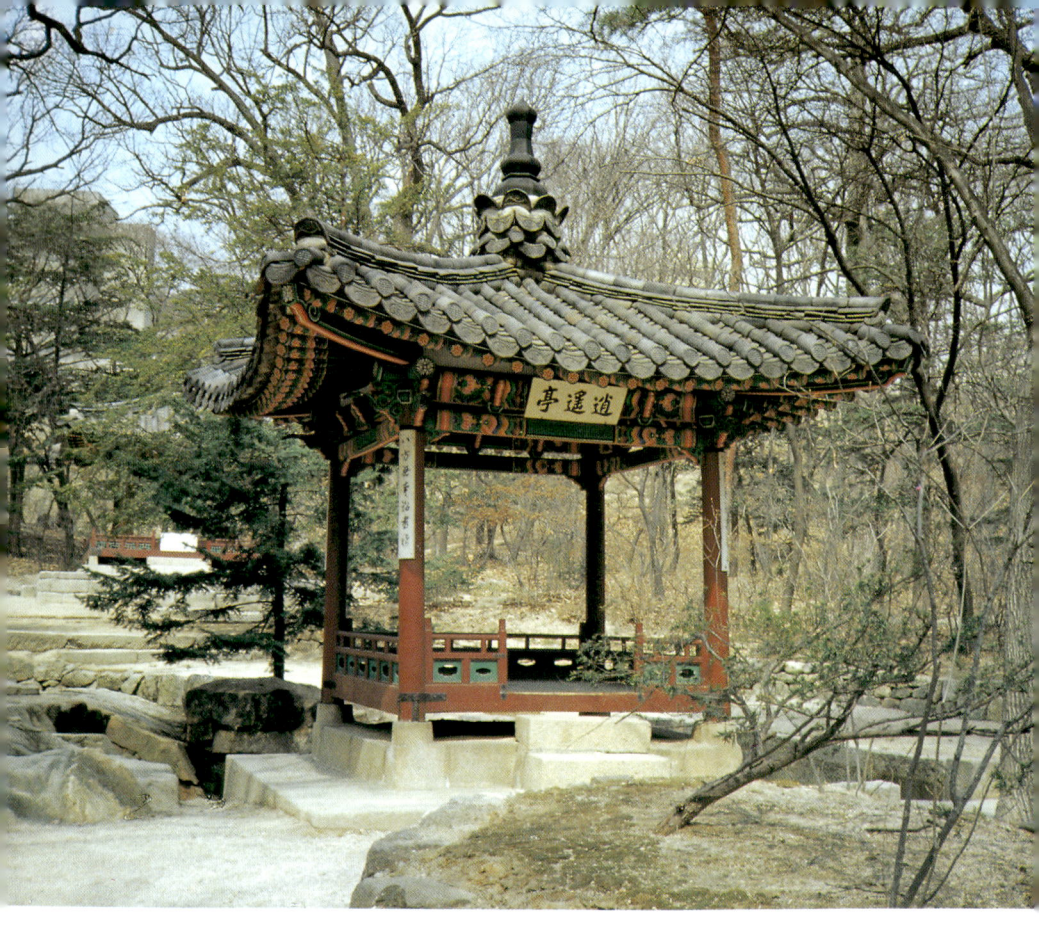

소요정　지금의 소요정은 처음 세워졌을 때 탄서정(歎逝亭)이라 하였다.

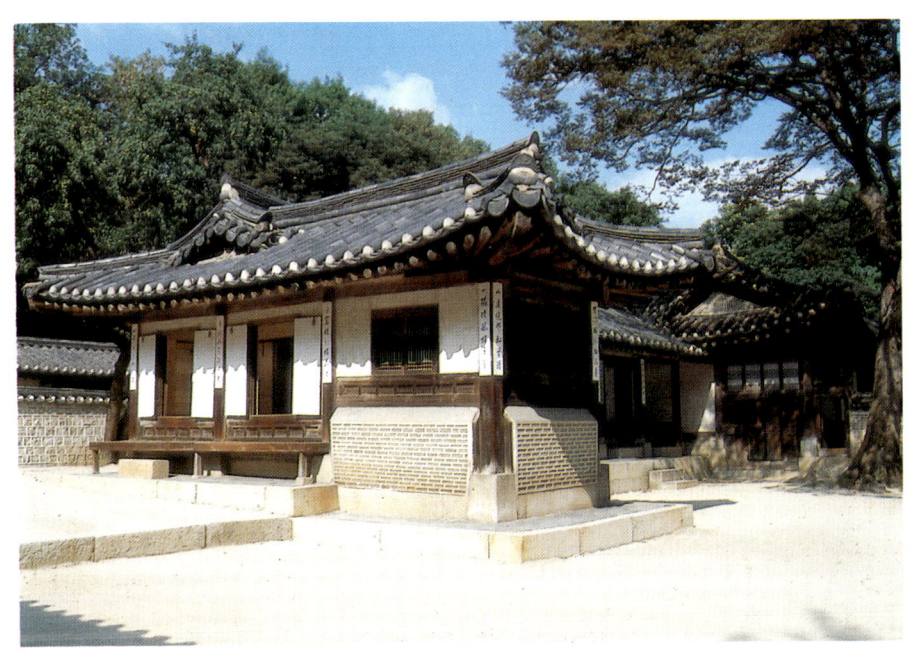

연경당 안채 순조 28년(1828)에는 궁궐 속에서 사대부들의 사는 모습을 알기 위해 비원에 연경당을 건립하였다.

또 "기이한 화초, 괴석들을 늘어놓고, 원유의 꽃과 돌 사이 곳곳에 작은 정자(小亭)들을 만들어 유람에 대비하였는데 그 기교하고 사치스러움이 예전에 일찍이 없었던 일이다"라고 주해(註解)되어 있다. 이런 것으로 보아 임진왜란으로 피폐해진 재정에도 불구하고 크게 공사를 하여 후원의 위용을 갖춘 것을 알 수 있다.

후원의 그 많은 정자들이 오늘날과 같은 모습을 갖추게 된 것은 17세기인 인조(仁祖) 때이다.

인조 14년(1636)에 지금의 소요정(逍遙亭)인 탄서정(歎逝亭), 태극정(太極亭)인 운영정(雲影亭), 청의정(淸漪亭) 등을 세우고 청의정 앞쪽 암반에 샘을 파고 물길을 돌려 폭포를 만들었으며 '옥류천(玉流川)'이라는 인조의 붓글씨를 받아 그대로 암반에 새겨 넣었다.

또 인조 18년(1640)에는 취규정(聚奎亭)이 건립되고 현종 5년에 관덕정(觀德亭)으로 이름을 고쳐 부른 취미정(翠微亭)이 인조 20년(1642)에 건립되었다. 또 인조 23년(1645)에는 뒷날 희우정(喜雨亭)이라 고쳐 부른 취향정(醉香亭)을, 24년에는 팔각정(八角亭), 25년에는 취승정(聚勝亭), 관풍각(觀豊閣)이 세워졌다.

이 가운데 취승정은 낙민정(樂民亭)으로 개칭되었고, 팔각정은 "세자가 중국 북경에서 돌아오니, 임금께서 북경의 궁궐 모습을 묻자, 세자가 팔각정 제도가 묘하다 하여 그것을 그려 보게 하고, 그대로 지은 것"이라고 「인조실록(仁祖實錄)」에 전한다.

숙종 14년(1688)에는 청심정(淸心亭)과 빙옥지(氷玉池)가 만들어졌고, 16년에는 술성각(述盛閣) 옛 자리에 사정기비각을 세웠다. 또 18년에는 영화당을 고쳐 짓고 애달정(愛達亭)을 세웠다.

숙종 30년 12월에는 임진왜란 때 군대를 보내 도와 준 명나라 황제 신종을 제사 지내기 위하여 후원에 대보단(大報壇)을 축조하였으며, 33년에는 택수재(澤水齋)가 세워졌고, 53년 정조(正祖) 원년에는 규장각(奎章閣)을 세웠는데, 택수재는 부용정(芙蓉亭)으로 고치고 규장각은 왕실의 도서를 모아 둔 곳으로 위층은 누각인데 이것이 지금의 주합루(宙合樓)이다.

순조 28년(1828)에는 궁궐 속에서 사대부들의 사는 모습을 알기 위해 연경당(連慶堂)을 건립하였다.

한일합방 뒤 1921년에는 선원전(璿源殿)을 후원 북쪽 옛 건물터에 세웠다.

이처럼 창덕궁 후원은 조선시대 초기부터 여러 대의 임금들을 거치면서 여러 차례의 건축과 후원 가꾸기를 하여 오늘날과 같은 만여 평이 넘는 후원을 이루게 되었다.

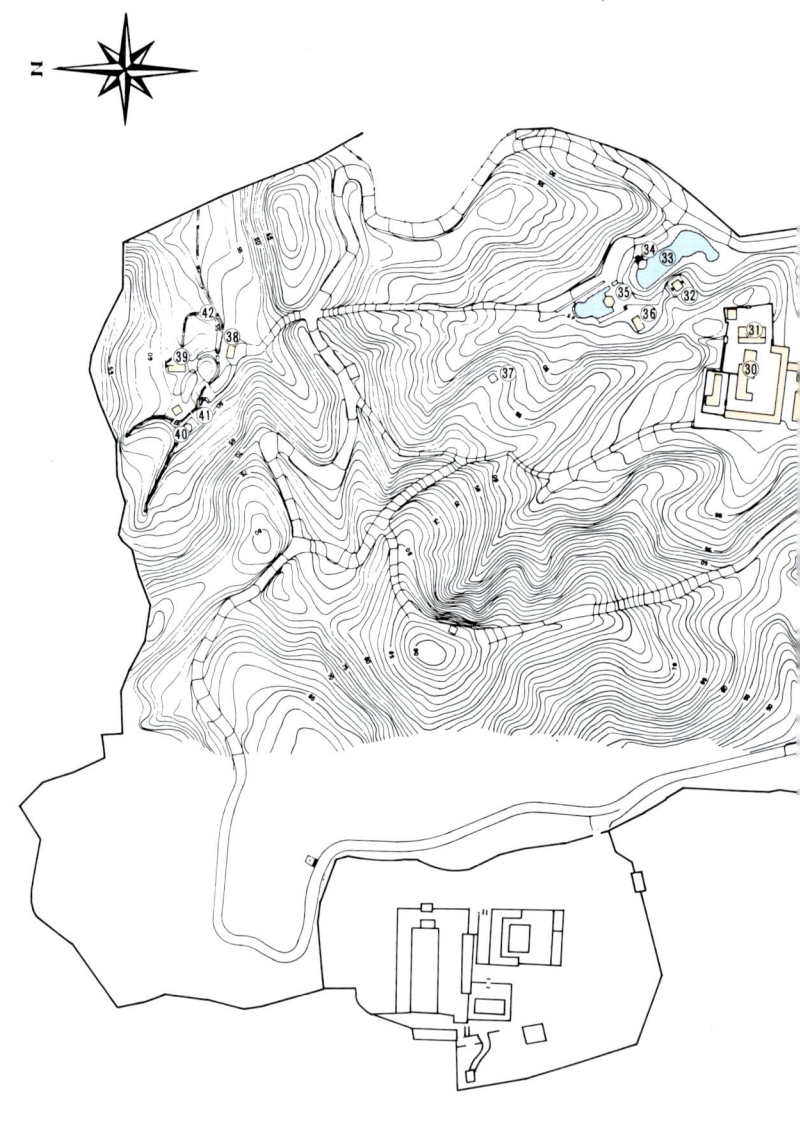

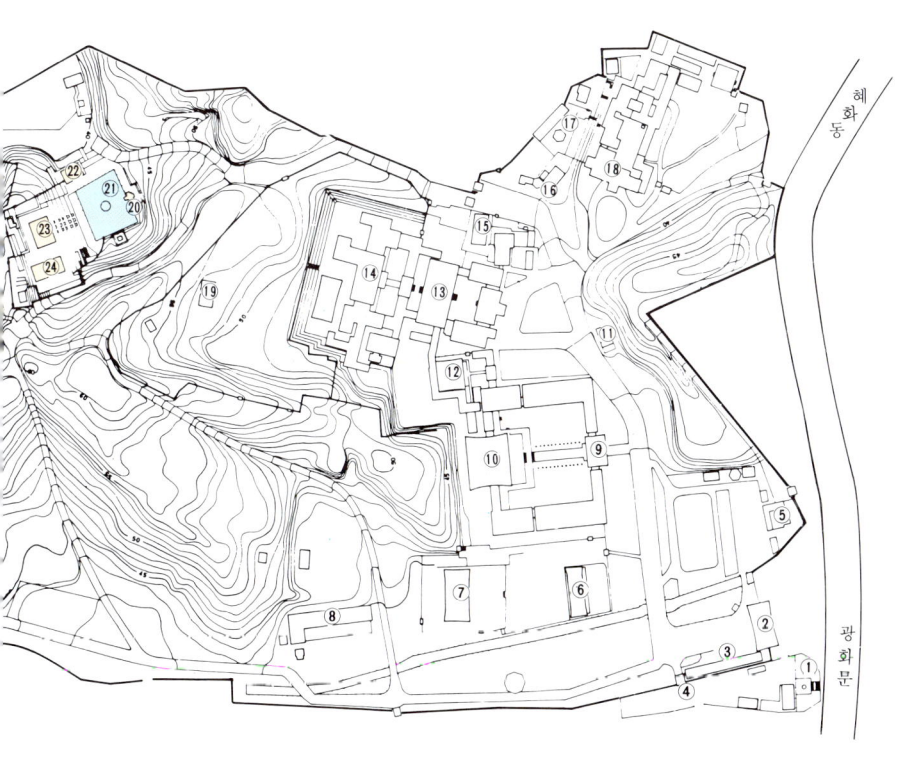

창덕궁 전체 배치도

후원의 구성

　후원은 낮은 야산과 골짜기 그리고 그 앞에 펼쳐진 평평한 땅 등 본래의 땅 생긴 모습 그대로를 둔 채 꼭 필요할 곳에만 사람의 힘을 들여 가꾼 한국의 으뜸가는 전통 정원이다.

　창덕궁의 내전 가운데서 왕후의 침전인 대조전(大造殿) 동쪽 담장을 끼고 고개를 넘으면 만여 평의 넓은 들이 나오는데, 이곳이 후원으로 네 개의 큰 지역으로 나눌 수 있다.

　첫째, 부용지를 중심으로 부용정, 주합루, 영화당, 사정기비각, 서향각, 희우정, 제월광풍관 등의 건물들이 늘어선 지역이고 둘째, 애련지와 애련정 그리고 연경당이 들어선 지역이며 셋째, 관람정과 반도지, 존덕정과 연지(蓮池), 승재정과 폄우사가 있는 지역이다. 끝으로 옥류천을 중심으로 취한정, 소요정, 어정, 청의정, 태극정 등이 늘어선 지역이다.

　이 밖에도 청심정, 빙옥지, 능허정 등 여러 정자와 샘들이 곳곳에 있다.

부용정(芙蓉亭)과 부용지(芙蓉池)

부용정 앞 큰 연못인 부용지에는 창덕궁과 창경궁이 만나는 낙선재 뒤쪽 지점, 곧 창덕궁의 내의원(內醫院) 동쪽 담장을 끼고 북쪽을 바라보면 두 개의 대문이 서 있는데, 오른쪽이 창경궁으로 왼쪽이 후원으로 들어서는 대문이다.

이 대문을 지나면 창경궁과 창덕궁 담장 사이로 난 언덕길이 나오고, 이 길을 따라 올라가면 고개마루에 서게 된다. 이곳에서 한 숨 쉬는 동안 부용지 주변의 주합루와 멀리 펼쳐진 후원의 모습이 한눈에 들어온다. 13쪽 사진

이런 경관에 변화를 주는 수법은 셋째 영역인 관람정 지역으로부터 넷째 영역인 옥류천 지역으로 접근할 때를 비롯하여 이곳 후원의 여러 곳에서 접하게 되는 수법이다. 25쪽 그림

부용정은 숙종 33년(1707) 본래 택수재로 지은 것을 정조 16년에 고쳐 지으면서 부용정이라 부르게 된 정자이다.

정면 3칸, 측면 4칸 되는 '亞'자형 평면을 기본으로 하였는데 동산 쪽 평면의 일부를 돌출시켰기 때문에 완전한 ＋사형의 亞자형은 아니다.

정자의 구조를 살펴보면 기단은 운두가 낮은 장대석으로 한벌대로 쌓은 낮은 기단이다. 이 위에 다듬은 8각형 초석을 놓고 원주를 세웠다. 기둥 위에는 주두(柱頭)와 익공(翼工) 두 개를 놓아 단면이 둥근 굴도리로 짜맞춘 이익공 집으로 하였다.

처마는 부연을 단 겹처마이고 지붕은 합각을 형성한 팔작지붕 모양이다.

정자의 양측면과 남면 기단 위에는 돌계단을 놓아 툇마루에 오를 때 딛고 올라서게 하였다.

북쪽은 연못 속으로 두 다리를 넣었는데 기둥 밑 초석은 팔모로 24쪽 사진

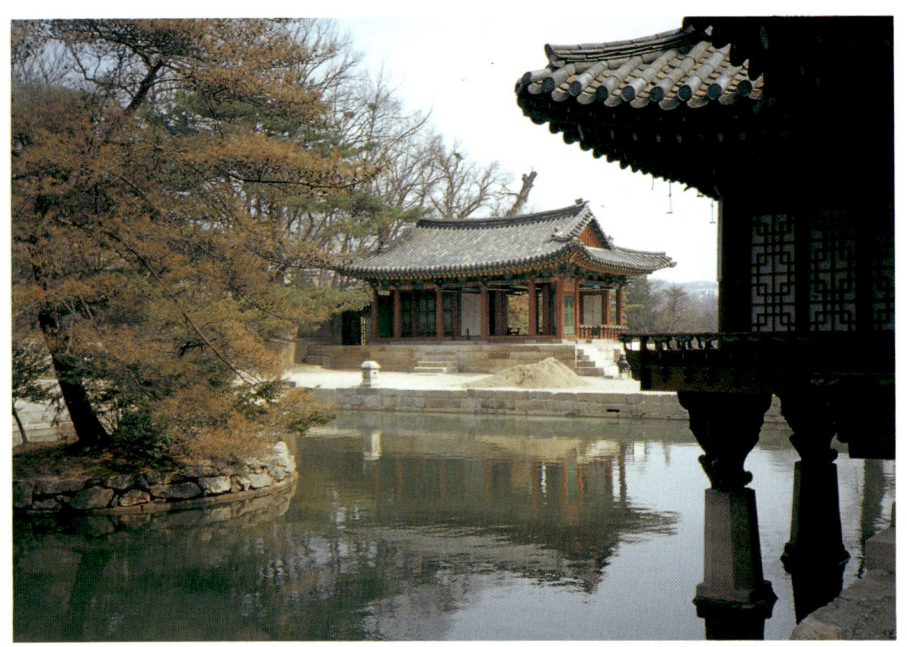

부용지와 부용정 쪽에서 바라본 영화당 부용정 북쪽은 연못 속에 두 다리를 세웠는데 기둥 밑 초석은 팔모로 되어 있다.

된 다듬은 기둥 모양의 초석이다.

　전면 창호들은 모두 접어 들쇠에 매달게 되었고 안에는 우물마루를 깔고, 중앙 1칸과 연못 쪽 1칸을 모아 2칸을 주변 칸과 다르게 꾸몄는데, 이 칸 3면에는 불발기 창호를 달았다. 불발기 모양은 8각 교살, 원형의 귀갑살, 네모의 정자살 등 다양하다.

　툇마루에 두른 난간의 연못 쪽은 계자 난간이고 남쪽 동산 쪽은 평난간으로 그 살대의 짜임새 들이 재미있다.

　정자의 남쪽은 낮은 동산인데 여기는 단이 지게 흙을 파내어 고르고 그 가장자리를 장대석으로 마무리하였다. 그리고 단마다 꽃을 심거나 석함(石函)을 놓아 치장하는데 이것이 바로 우리의 전통 정원에서의 화계(花階)라 부르는 것이다.

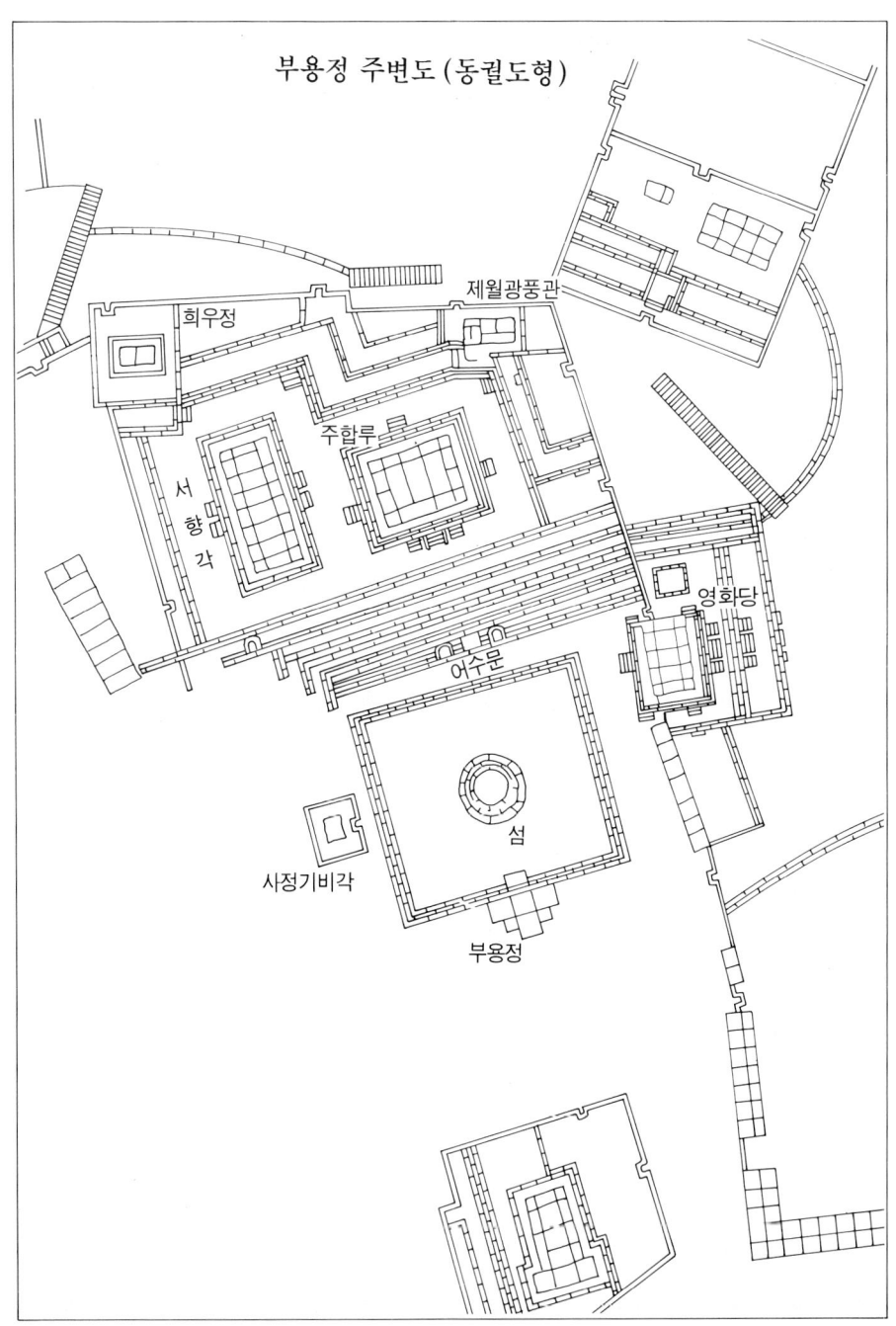

부용정 주변도 (동궐도형)

희우정

제월광풍관

주합루

서
향
각

영회당

어수문

섬

사정기비각

부용정

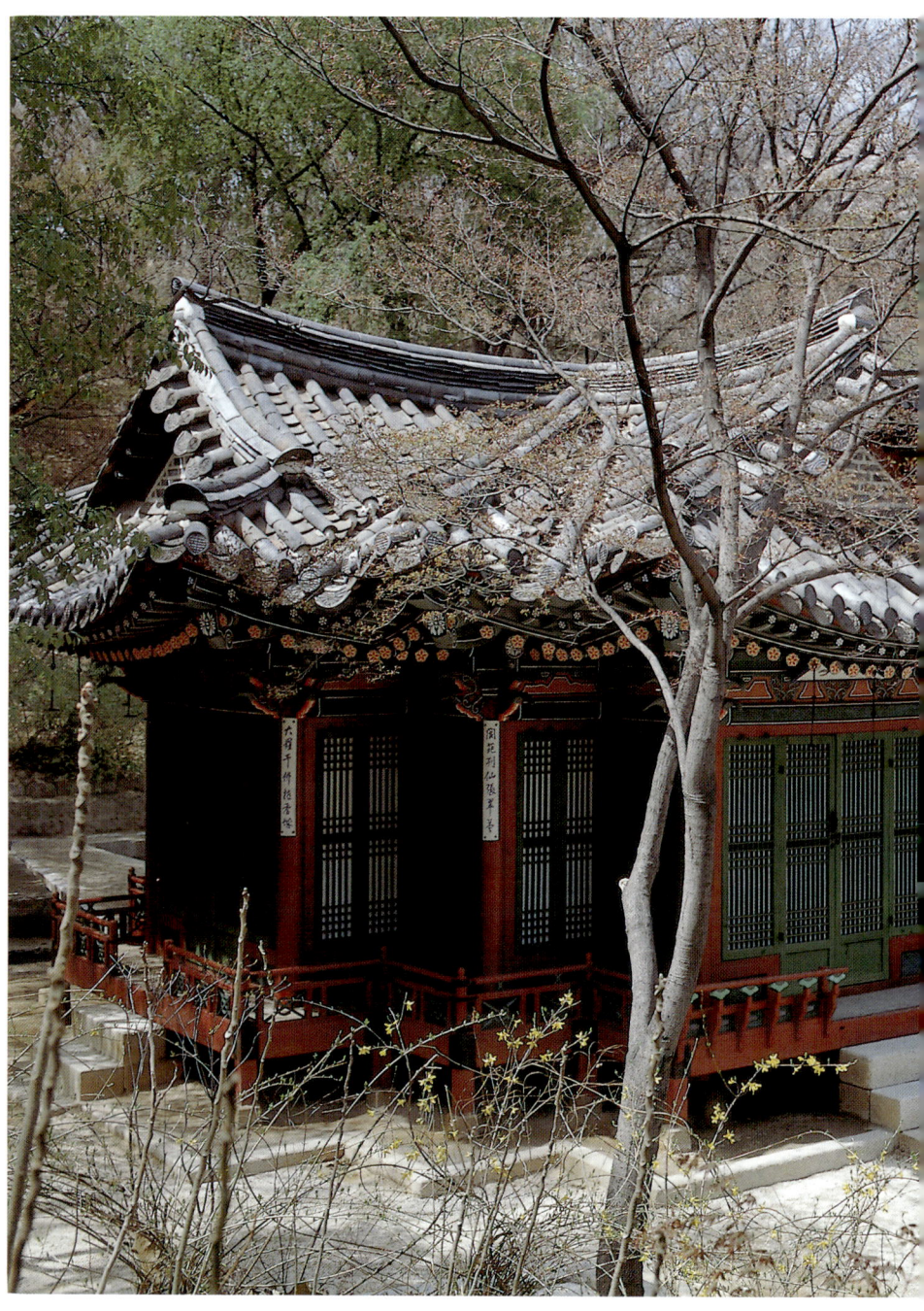

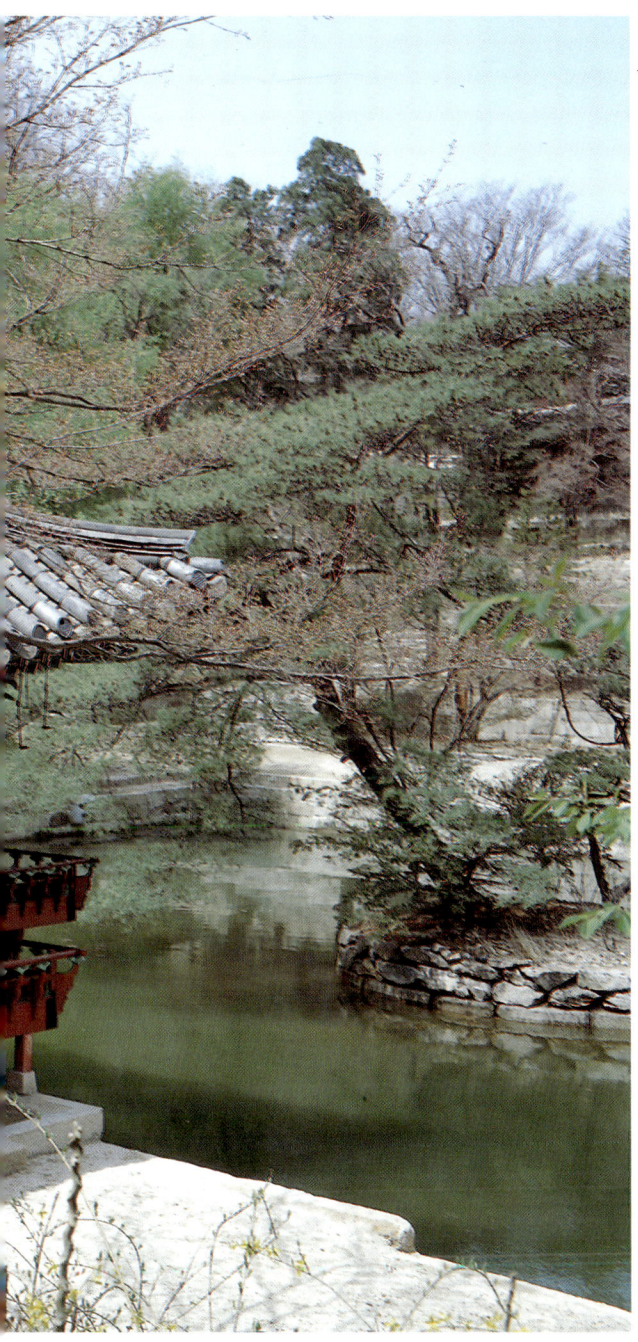

부용정 부용정은 숙종 33년(1707) 본래 택수재로 지은 것을 정조 16년에 고쳐 지으면서 부용정이라 부르게 된 정자이다. 정면 3칸, 측면 4칸 되는 亞자형 평면을 기본으로 하였다.

화계는 글자 뜻 그대로 꽃을 심어 만든 계단을 말하는데 궁궐뿐만 아니라 사대부 집이나 정자, 누대 등이 서 있는 주변에 구릉이 있는 곳이면 화계를 꾸민다.

우리나라는 전국토 3분의 2가 산지이기 때문에 곳곳에 산과 구릉이 많아서 이런 화계를 두는 것이 일반적인 정원의 모습이다. 그리고 화계는 특히 뒤뜰 뒷동산을 중심으로 두기 때문에 예부터 뒷동산을 잘 가꾸어 왔고 이를 가꾸는 사람을 '동산바치'라 불렀다. 동산바치는 오늘날의 정원사이다.

부용정 화계 위에는 석함이 있고 석함에는 괴석이 담겨져 있는데 일종의 정원을 꾸미는 석물이다.

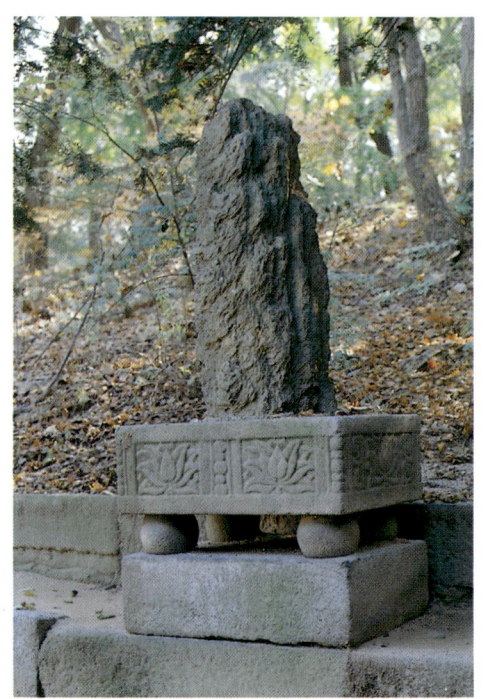

부용정 남쪽의 괴석

괴이하게 생긴 그러나 운치 있는 괴석을 담아 두는 석물이라 하여 석함이라 부르며 때로 괴석을 받쳐 주는 대라는 뜻으로 괴석대라고도 한다.

석함은 일반적으로 정방형이나 장방형이지만 때로 육각형, 팔각형이기도 한다. 그 높이도 다양하여 바닥에 닿는 낮은 것에서부터 높은 대를 세우고 그 위에 다시 괴석을 담은 석함을 올려 놓기도 한다. 또 부용정 기둥에는 기둥마다 주련(柱聯)들이 걸려 있는데, 여기에는 한시(漢詩)들이 초서체(草書體)로 새겨져 있어 이들 시구를 감상하노라면 저절로 시흥(詩興)에 젖고, 더더욱 부용정의 공간정서(空間情緖)에 몰입하게 된다. 한시는 다음과 같다(李廷燮 조사 번역,「문화재」17호, 1984).

천 떨기 고운 자태 아름다운 놀 흐르고
십리에 퍼진 맑은 향기 사향을 터트린 듯.
낭원의 신선들 푸른 일산 펼친 듯
대라천 일천 부처 향성에 싸여 있듯.
붉은색 푸른색 어리 비쳐 맑은 물에 드리웠고
꽃도 잎도 향기로워 발 속에 스며드네.
활짝 핀 꽃봉오리 삼천 궁녀 취한 볼이요
연잎 위 빗방울은 오백 나한 염주알이라.
거북이 놀고 고기 헤엄치는 맑디 맑은 가을 물속이요
이슬 짙고 바람 좋은 서늘한 초가을일레.
(千叢艶色霞流彩 十里清香麝裂臍
閬苑列仙張翠蓋 大羅千佛擁香城
翠丹交暎臨明鏡 花葉俱香透畵簾
晴蕚三千宮臉醉 雨荷五百佛珠圓
龜戲魚游秋水裏 露繁風善早涼時)

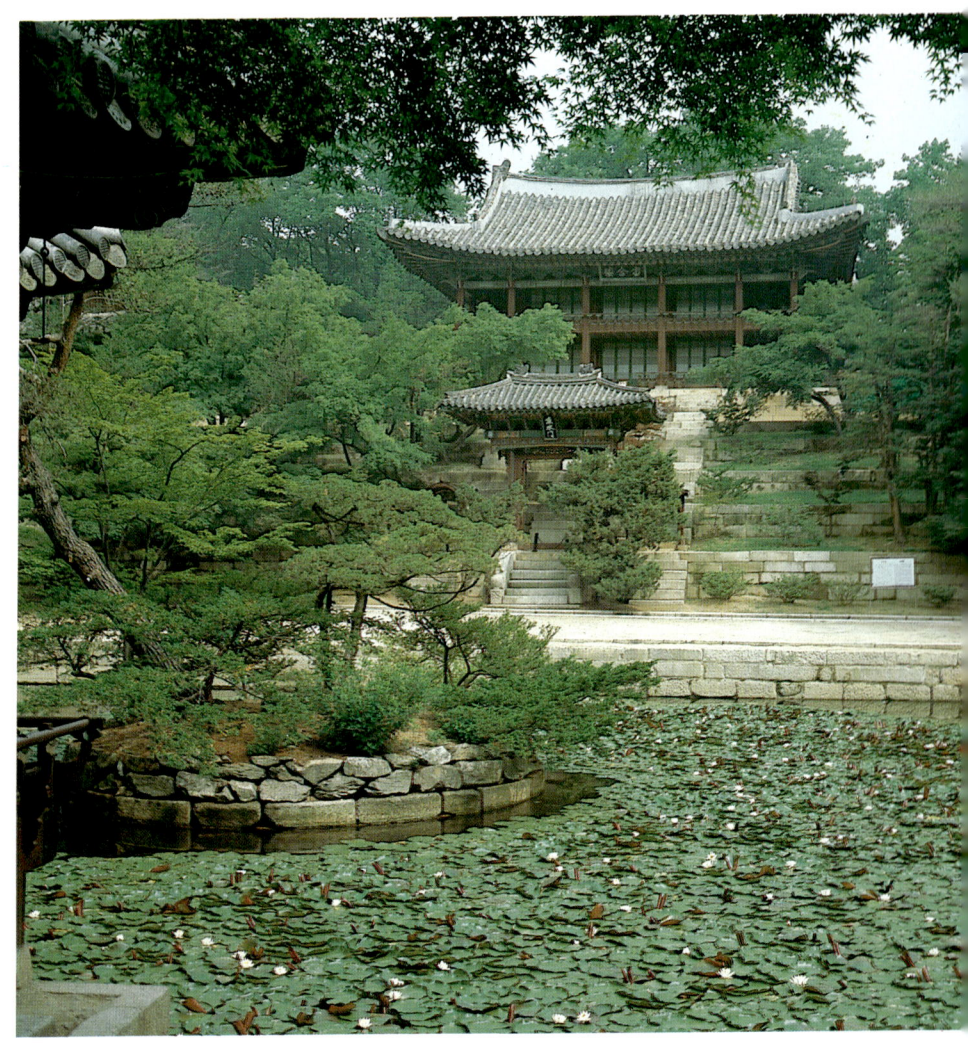

부용정 쪽에서 바라본 주합루 부용정 북쪽 맞은편 언덕 위에 선 이층 다락집이 주합
루이다. 이 주합루는 정문인 어수문을 통해 여러 단의 돌계단을 딛고 올라서게 된
다. 주합루 앞에 보이는 섬은 사각형의 부용지에 설치된 원형의 섬이다.

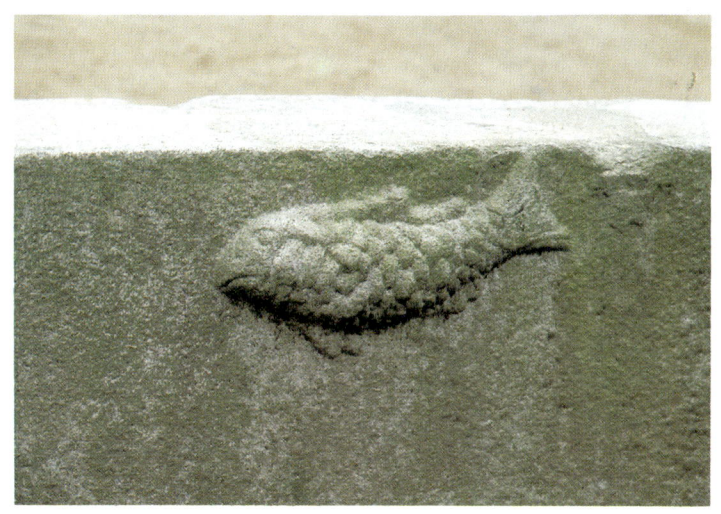

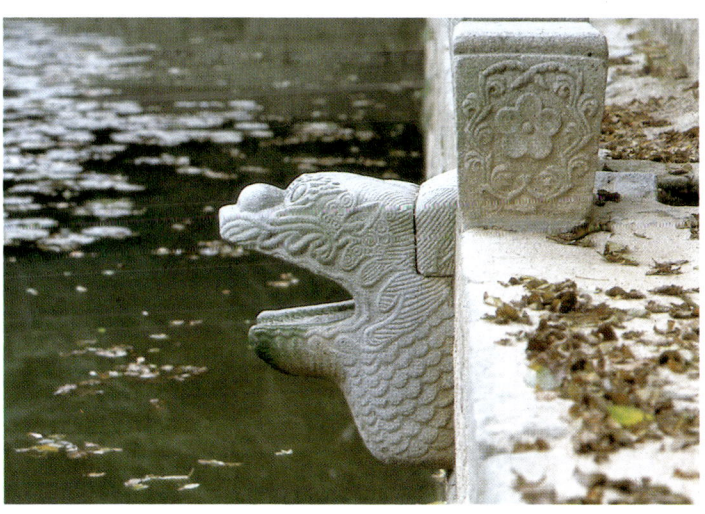

부용지의 석물 위는 부용정 쪽 장대석에 새겨진 물고기 한 마리이고 아래는 서쪽 계곡
에서 내려오는 물을 부용지에 연결하는 용머리의 석루조이다.

부용정 북쪽으로는 널따란 장방형 연못이 있다.

이 방지(方池)의 크기는 세로 34.5미터, 가로 29.4미터나 되는데 가장자리는 장대석들을 바른층쌓기로하여 마감하였다.

30쪽 사진 또 못 가운데에는 장대석으로 바른층쌓기를 한 둥근 섬이 하나 있다. 연못이 네모나고 섬이 둥근 것은 "하늘은 둥글고 땅은 네모났다(天圓地方)"고 하는 음양오행 사상(陰陽五行思想)에서 비롯된 것이다.

우리나라의 연못은 대개 네모나고 또 가운데에는 둥근 섬이 하나씩 있다. 이런 모습은 이미 삼국시대부터 이루어져 왔다.

「삼국사기(三國史記)」의 백제 무왕(武王) 때 기록을 보면 "궁궐 남쪽에 못을 파고, 20여 리 밖으로부터 물을 끌어들이고 네 가장자리에 버드나무를 심고, 못 가운데 방장 선산(方丈仙山)을 모방하여 섬을 만들었다"고 쓰여져 있다. 여기서 네 가장자리라는 것은 바로 못이 네모난 방지임을 말해 주고 방장 선산은 도가(道家)에서 말하는 신선들이 산다는 방장, 봉래(蓬萊), 영주(瀛洲)의 세 선산 가운데 하나를 말하는 것으로 보아, 도교 사상이 일찍부터 정원 조영에 영향을 주었음을 알게 해준다.

곧 부용지의 조영에는 음양론, 도가 사상 등이 크게 작용하였으며 이러한 오래된 조형 원리에 근거한 것임을 알 수 있다.

31쪽 아래 사진 이 부용지의 물은 지하에서 솟아오르고 또 서쪽 계곡에서 내려오는 물은 연못 서쪽에 있는 용머리의 석루조(石漏槽)로 들어오는데 1800년대에 그린 '동궐도(東闕圖)'에는 석루조가 없고 가운데의 섬도 지금보다 훨씬 작으며 배가 2척 떠 있다.

연못의 가득 찬 물은 동쪽 연못 가장자리에 뚫어 놓은 수구(水口)로 간다. 그리고 부용정 쪽은 장대석으로 바른층쌓기를 하였는데 31쪽 위 사진 한 돌에 물고기 한 마리가 새겨져 있다.

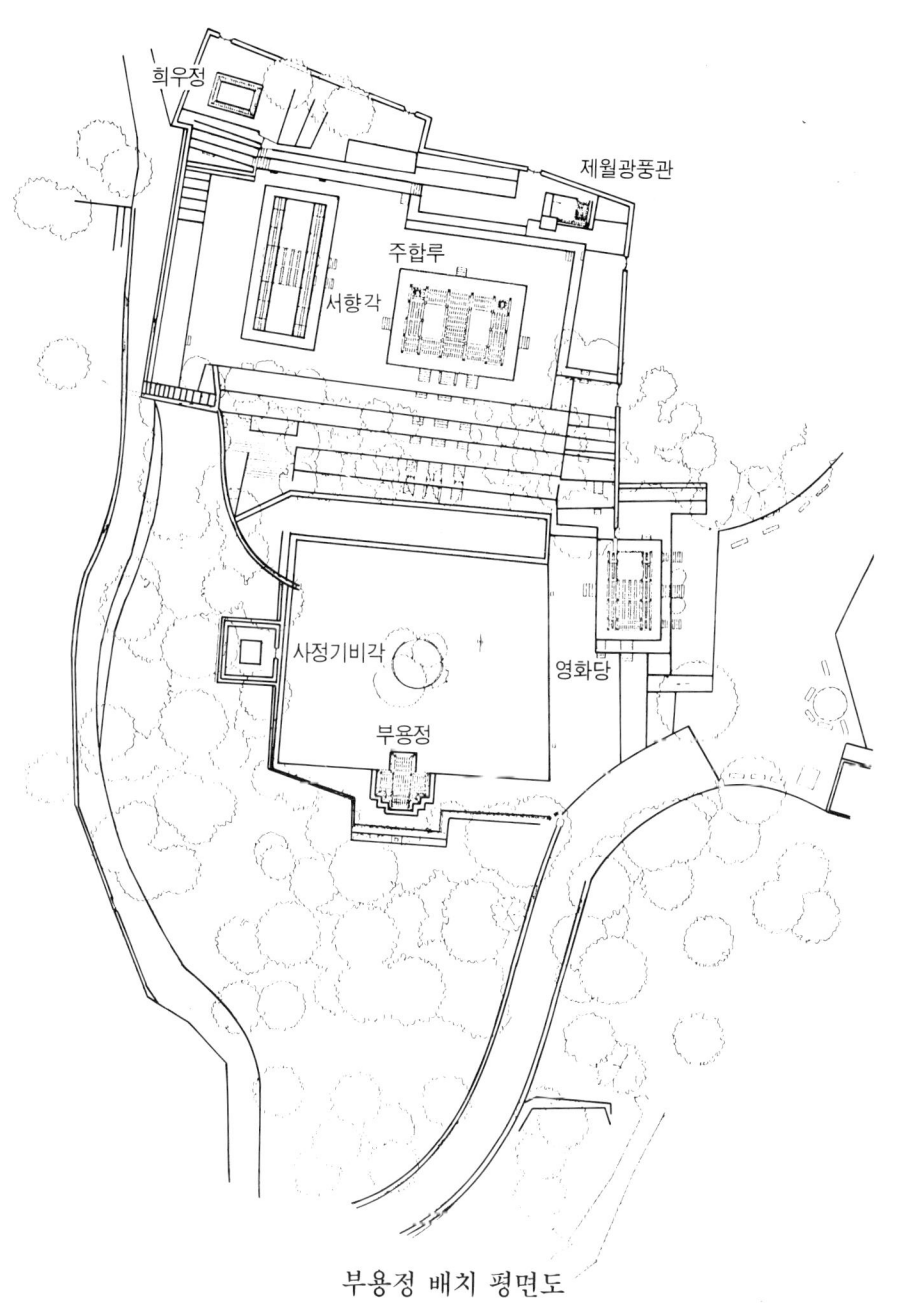

희우정

제월광풍관

주합루

서향각

사정기비각

부용정

영화당

부용정 배치 평면도

사정기비각(四井記碑閣)

35쪽 사진 부용정 큰 못 서쪽 물가에 서 있는 이 비각은 숙종 때 세운 것이다. 본래 세종 6년(1424) 영순군과 조산군으로 하여금 지금의 주합루 근처에서 우물을 찾도록 하였는데 마침 두 짝씩 찾아 내어 이것들을 마니(摩尼), 파리(坡璃), 유리(琉璃), 옥정(玉井)이라 이름을 지었다.

뒷날 숙종 16년(1690)에 이를 기념하여 옛 술정각 자리에다 비를 세우고 비각을 건립하였는데 이것이 사정기비각이다.

주합루(宙合樓)와 어수문(魚水門)

주합루는 부용정 북쪽 맞은편 부용정 연못의 북쪽 높은 언덕 위에 이층 다락집으로 우뚝 서 있다.

이 주합루를 처음 세운 것은 정조(正祖) 원년인 1777년으로 아래층에는 왕실의 도서를 보관하는 규장각이 있고 그 위층은 열람실로서 사방의 빼어난 경관을 조망할 수 있는 누대(樓臺)가 있다.

37쪽 사진 정문인 어수문을 들어서서 여러 단의 돌계단을 딛고 올라서노라면 먼저 주합루 팔작지붕이 그리고 다음으로 누의 공포, 창방, 기둥들이 눈앞에 다가오다가 1층 규장각 제일 중앙 어칸(御間)을 마주하게 된다.

누의 건축은 장대석 바른층쌓기를 한 높은 기단 위에 다듬은 돌초석을 놓고 밖으로는 방주(方柱)를 세우고, 안쪽으로는 두리기둥을 세웠다. 기둥 윗몸에 익공 2개를 놓아 이익공 양식으로 꾸몄다.

부연을 둔 겹처마로 팔작 기와지붕을 덮었는데 용마루는 양쪽에 회를 발라 양성을 하였고, 용마루 끝에는 취두(鷲頭)를 얹고 추녀

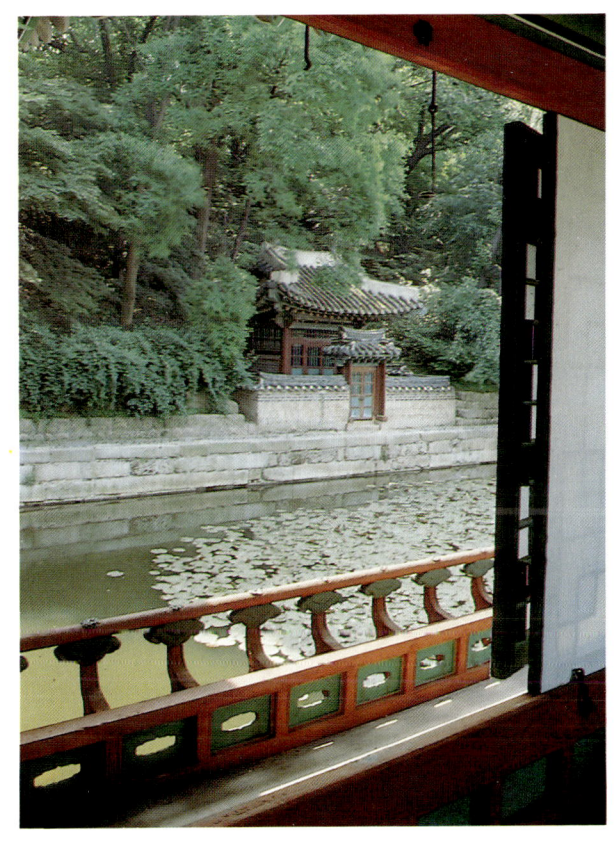

부용정에서 바라본 사정기비각 부용정 큰 못 서쪽 물가에 서 있는 이 비각은 숙종
때 세운 것이다.

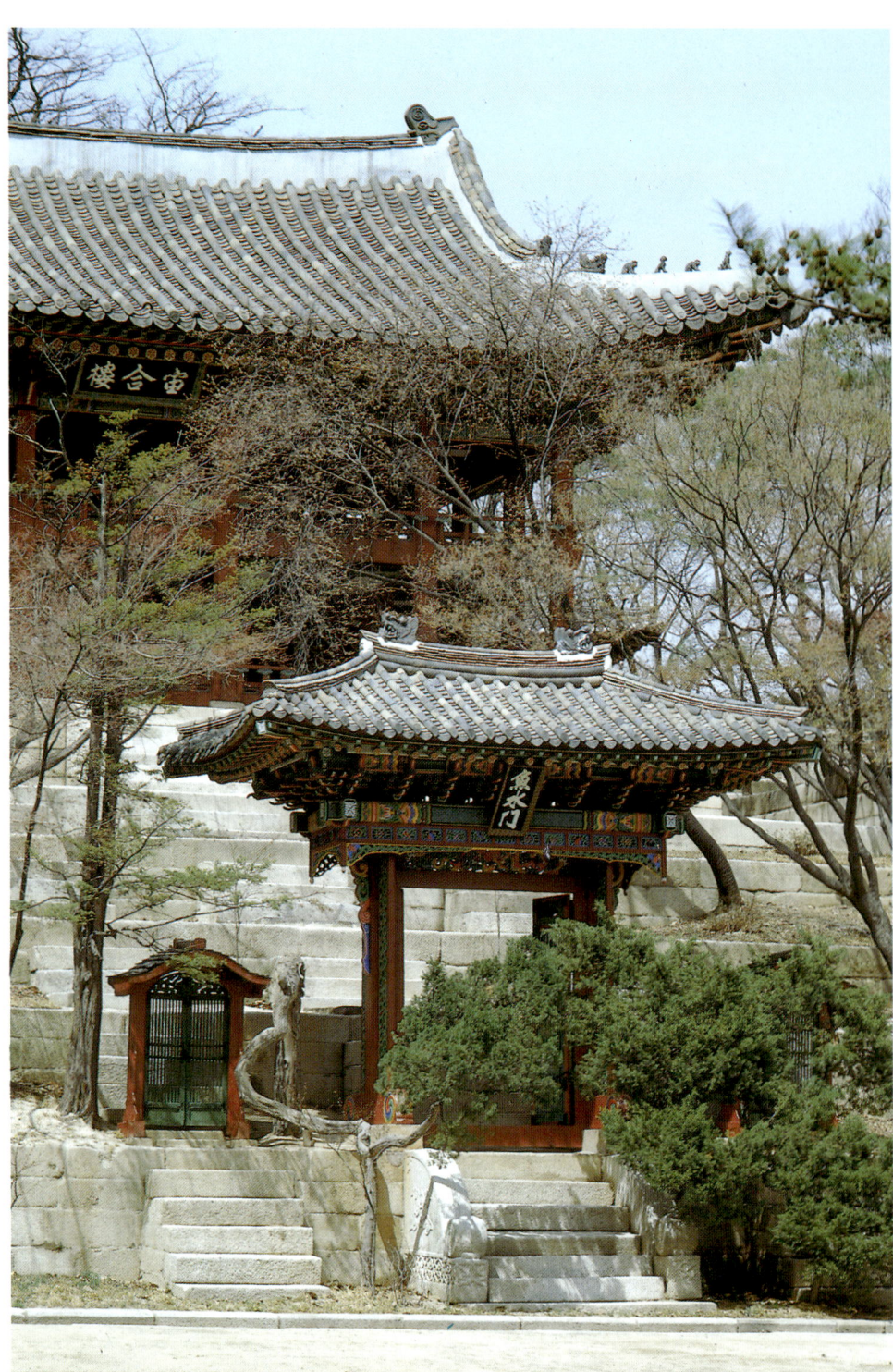

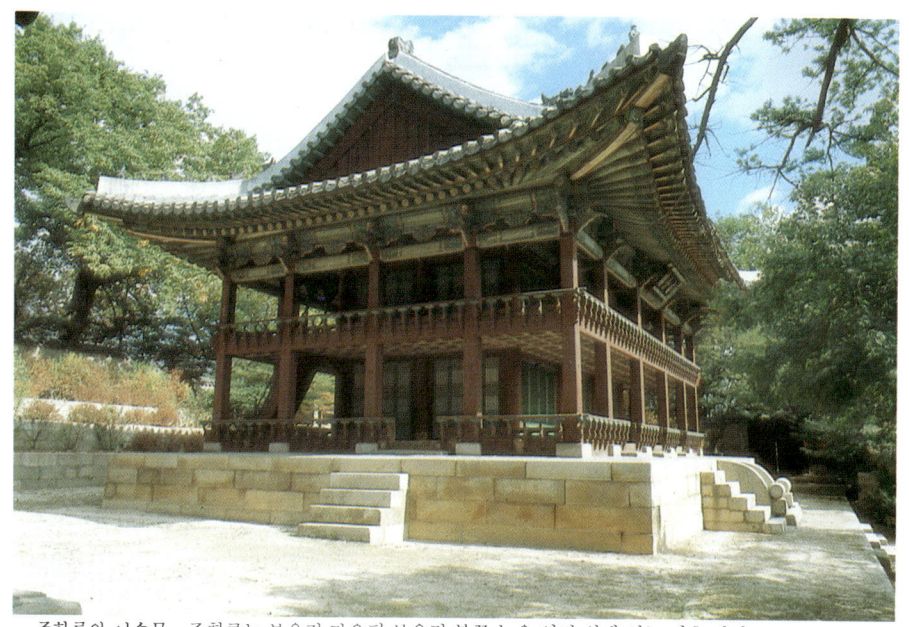

주합루와 어수문 주합루는 부용정 맞은편 부용정 북쪽 높은 언덕 위에 있는 이층 다락 집이고 이 건물의 정문이 어수문이다. 이 주합루를 처음 세운 것은 1777년으로 아래 층에는 규장각이 있고 그 위층은 열람실로 사방이 빼어난 경관을 조망할 수 있는 누대가 있다.(옆면, 위)

마루에 잡상(雜像)들을 얹어 한껏 치장을 하였다.

집의 크기는 정면 5칸, 측면 4칸이다. 1층과 2층 모두 기둥 밖으 38쪽 사진
로 닭다리 모양의 난간인 계자각(鷄子脚)을 세우고 여기에 난간 두
겁대를 얹은 계자 난간을 둘렀다.

1층은 장방형의 평면 안쪽에 세운 기둥을 따라 띠살 창호들을
달아 정면 3칸, 측면 2칸의 큰 공간을 만들었는데 그 둘레는 1칸
폭으로 개방하였다.

이 큰 공간은 중앙만이 우물마루 방이고, 양쪽 1칸씩은 온돌방으
로 하였다.

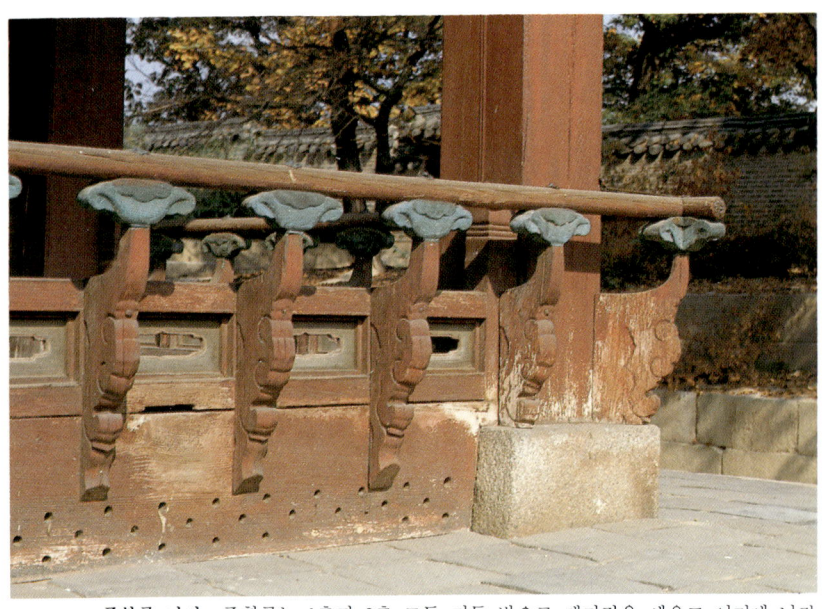

주합루 난간 주합루는 1층과 2층 모두 기둥 밖으로 계자각을 세우고 여기에 난간 두겁대를 얹은 계자 난간을 둘렀다.

　2층의 누에서는 중앙 3칸, 측면 2칸의 기둥 아랫부분은 우물마루 에 붙여 하방(下枋)을 돌림으로써 바깥 앞쪽과 안쪽을 구분하였다. 이런 수법은 경복궁 경회루에서 바닥 자체에 높낮이 차를 두고 좌석의 높고 낮음을 표시하고자 한 수법과 같은 것이라 생각된다.
　어수문은 주합루의 정문으로 장대석을 잘 다듬어 심방석(心枋 石)으로 하고 이 위에 심방목(心枋木)을 놓아 중앙에 네모 기둥을 단단히 세웠다. 기둥 양쪽에는 용지판(龍枝板)을 붙여 이것이 심방 목에 짜물림으로써 문짝을 달았을 때 좌우 두 기둥이 움직이지 않도록 하였다.
　기둥 위쪽에는 절간의 일주문처럼 사방으로 평방을 두르고 여기 에 안팎 삼출목(三出目)의 공포를 짜 얹었다. 지붕은 성문이나 궁궐

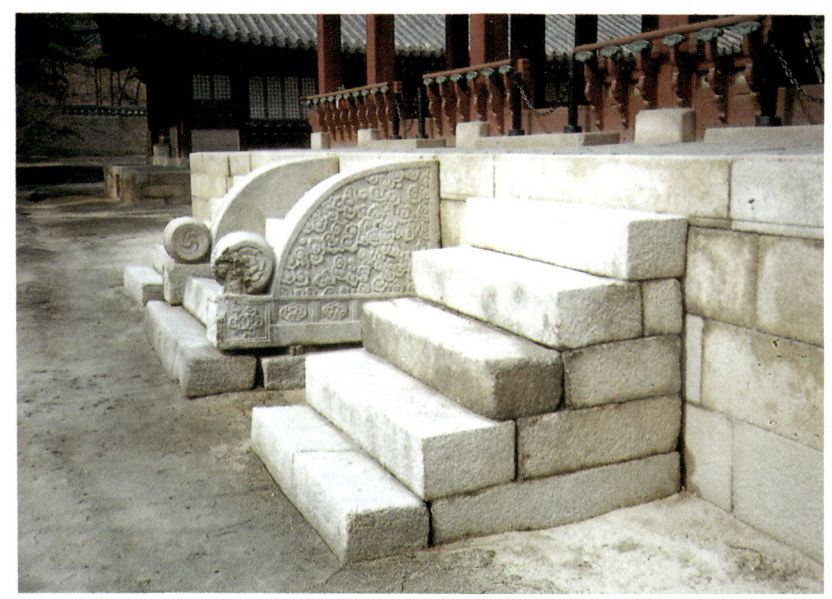

주합루 계단 주합루 앞쪽 계단의 아래위는 중앙부보다 돌출되고 사면에 아름다운 꽃무늬를 새기고 중앙에 들어간 부분은 안상을 새겨 치장하였다.

문처럼 우진각지붕이고 부연을 단 겹처마이다.

　이 어수문 앞에는 소맷돌에 구름 무늬를 조각한 돌계단이 있고, 또 좌우에 지붕을 곡면으로 한 작은 문이 하나씩 있어 이들 모두가 합쳐져 주합루의 외삼문처럼 꾸몄는데 이 구름 무늬로 치장한 소맷돌은 높은 터 위에 자리잡은 누의 편액에 쓴 주합루의 뜻과 조화되는 장식 무늬라 생각된다.

　어수문 낮은 터부터 주합루가 자리잡은 위터까지는 중앙에 놓은 돌계단 좌우로 장대석 바른층쌓기한 석단(石段)들을 여러 층 놓아 마무리하였다.

　이 석단에는 꽃도 심고 나무도 심었고 '동궐도'에서 살펴보면 어수문 좌우의 작은 협문 옆으로 넝쿨을 말아올리는 시설을 하여 여기에 푸른 식물들이 뒤덮여 있어, 마치 푸른 병풍을 둘러 놓은 듯하다.

이런 시설물 곧 취병(翠屛)은 '동궐도'의 여러 곳에서 찾아볼 수 있는데, 대부분 이곳 어수문 양쪽에서와는 달리 그 길이가 짧고 전각의 안뜰에 설치되었다.

어수문 양쪽으로 둘러친 긴 취병은 어수문 위쪽 주합루의 공간과 부용정, 부용지의 아래 공간을 커다란 2개의 공간으로 갈라 놓는 역할을 한다.

주합루 앞쪽 동쪽 석단 위에는 운두가 높은 장방형 기단석을 놓고 이 위에 상, 중, 하 세 부분으로 나눈 한 덩어리의 커다란 직육면체의 돌을 얹어 놓았다.

아래위는 중앙부보다 돌출되고 사면에 아름다운 꽃무늬를 새기고, 중앙에 들어간 부분은 안상(眼象)을 새겨 치장하였다.

석물은 한때 이런 석물 자체만으로서 정원의 한 장식품이 되는 식석(飾石)으로 알려졌었으나, 과학사 분야의 연구로 낮과 밤의 시간을 알게 해주는 시계를 얹어 두던 하나의 받침돌 곧 대석임이 밝혀 졌다. 이것의 올바른 이름은 일성정시의대(日星定時儀臺)이다. '동궐도'에는 창덕궁과 창경궁 그리고 후원 곳곳에 해시계가 그려져 있는데 그만큼 당시에 궐 밖의 종루와 자격루에만 의존하지 않고 생활하는 가까이에서 시각을 알게 되었던 것을 말해 준다.

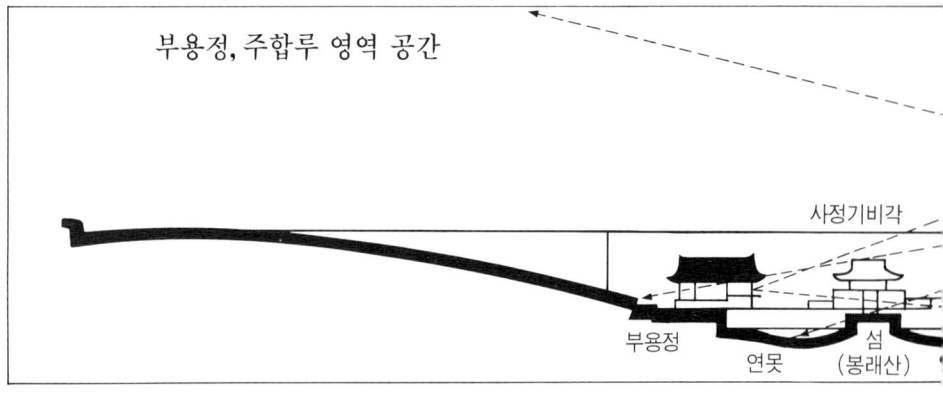

부용정, 주합루 영역 공간

사정기비각

부용정

연못

섬
(봉래산)

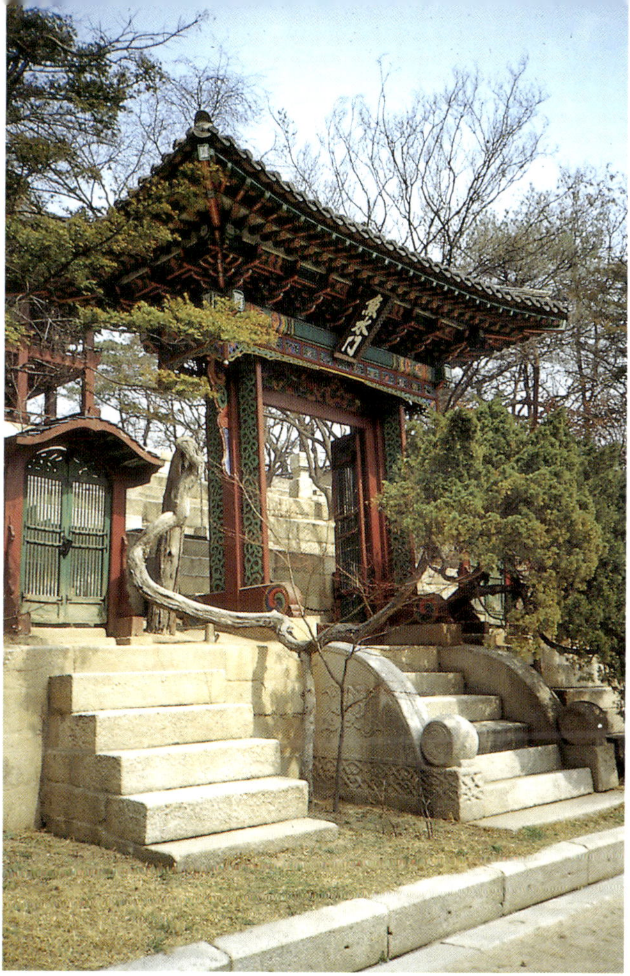

어수문 어수문 앞에는
소맷돌에 구름 무늬를
조각한 돌계단이 있고,
좌우에 지붕을 곡면으로
한 작은 문이 하나씩 있어
이들 모두가 합쳐져 주합
루의 외삼문처럼 꾸몄
다.

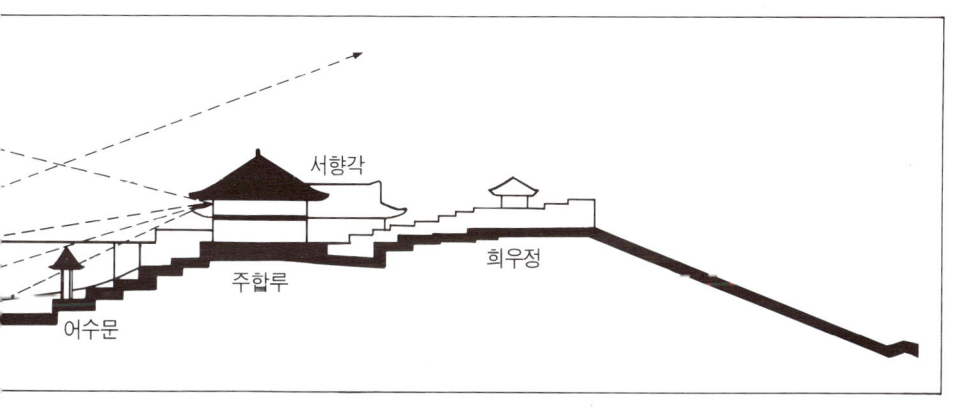

서향각

주합루

희우정

어수문

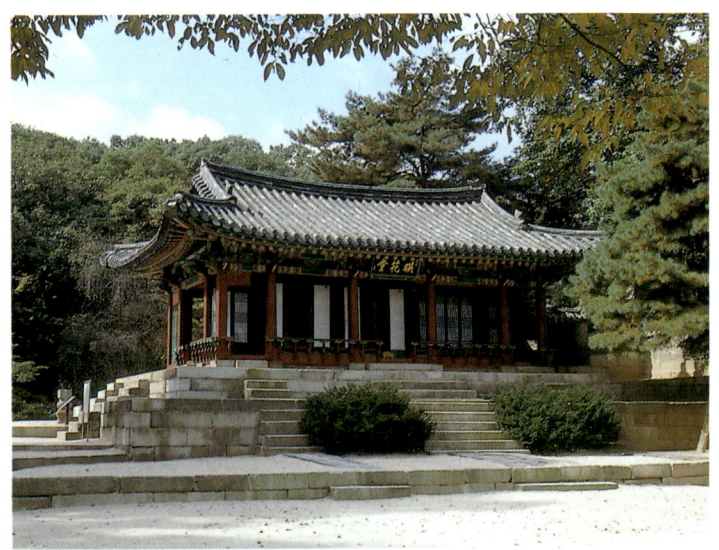
영화당 정자 모양의 영화당은 숙종 18년(1682)에 다시 지은 것이다.

영화당(暎花堂)

　부용지 동쪽에 자리잡고 있는 단층집으로 정면 5칸, 측면 3칸
되는 장방형의 평면을 이루고 있다.
　온돌방 1칸, 대청 2칸을 기본 바닥으로 하고 주위 3면에 개방된
퇴를 두었다. 필요한 때에 대청의 문짝을 접어 들쇠에 매달면 주변
의 경관이 한눈에 들어온다.
　집의 구조는 장대석을 차곡차곡 네 벌 쌓아 반듯한 기단을 만들고
이 위에 다듬은 돌 초석을 놓고 네모 기둥을 세웠다. 기둥 윗몸에
익공을 2개 놓아 이익공 집으로 꾸몄다.
　처마는 둥근 서까래 위에 네모난 단면의 새끼 서까래를 단 겹처
마이고 지붕은 양쪽에 합각을 형성한 팔작 기와지붕이다. 지붕의

용마루는 단순히 암키와와 수키와만으로 쌓아 양성을 하지 않았으며, 용마루 끝에는 취두(鷲頭)를 얹고, 합각 마루 끝에는 용두(龍頭)를 놓아 장식하였다.

본래 이 정자 모양의 영화당은 숙종 18년(1682)에 다시 지은 것인데,「궁궐지」에는 "영화당 15칸이고… 이의 남쪽에 남행각 7칸이 있었고 여기에 의춘문(宜春門)이 있었으며 또 담장에 영화문 그리고 22칸의 곳간이 있었다"고 기록되어 있다. 이러한 설명과 일치하게 '동궐도'에도 같은 모습으로 그려져 있다.

또 정조 때부터 이곳 영화당 동쪽 넓은 마당에 과거장을 마련하고, 영화당에 임금이 친히 참석하여 전시(殿試)를 보여 인재를 뽑았다고 한다.

제월광풍관(霽月光風觀)

주합루 뒤쪽 높은 터 위에 자리잡고 있는 별당 건물이다.

정면 3칸, 측면 1칸의 방형 평면에 누마루 1칸을 돌출시켜 ㄱ자형 평면을 이루고 있다.

민도리집으로 단청을 하지 않은 극히 소박한 건물로 처마도 부연 없는 홑처마로 꾸몄는데 지붕은 팔작지붕이다.

장대석을 차곡차곡 바른층쌓기를 하여 2단의 석단을 꾸민 터 위에 자리잡고 있기 때문에 집 높이가 낮으나 주합루 동쪽으로 부용정 쪽 낮은 터와 주위의 경관이 한눈에 들어와 바람 소리, 새소리를 즐겨 들을 수 있고 구름이 달을 스쳐 지나가는 모습도 볼 수 있다.

이 집의 북쪽 위에는 담장이 있고 그 담장에 작은 일각 대문이 있어 문을 열고 북쪽 언덕 아래로 내려가면 의두각(倚斗閣)과 기오헌(寄傲軒)이 자리잡고 있다.

서향각(書香閣)

　주합루 서쪽 터에 동향으로 자리잡은 정면 8칸, 측면 3칸의 장방형 평면을 이루고 있는 초익공집으로 부연 있는 겹처마의 팔작지붕이다.
　본래 임금의 영정 곧 어진(御眞)을 모시던 진전(眞殿)이었는데, 정조 1년(1777)에 왕후가 이곳에서 누에를 쳐서 아녀자들의 모범이 되었기 때문에 "친잠권민(親蠶勸民)"이라 쓴 편액이 걸려 있다.

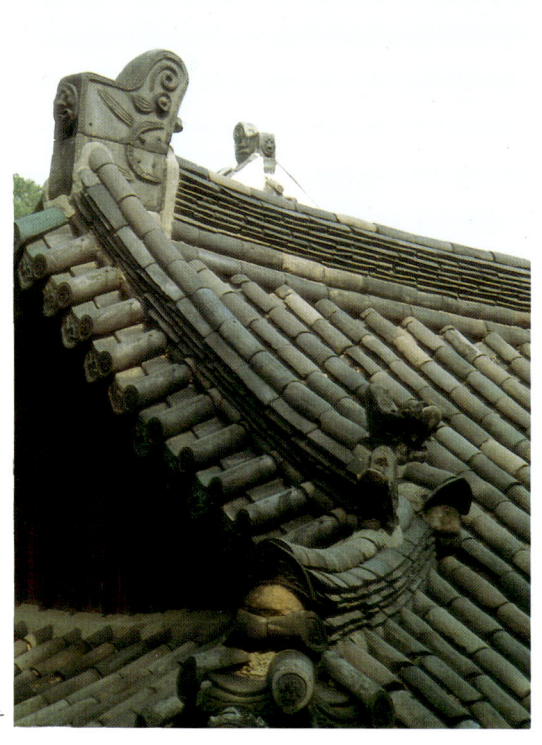

서향각 지붕의 용두와 취두

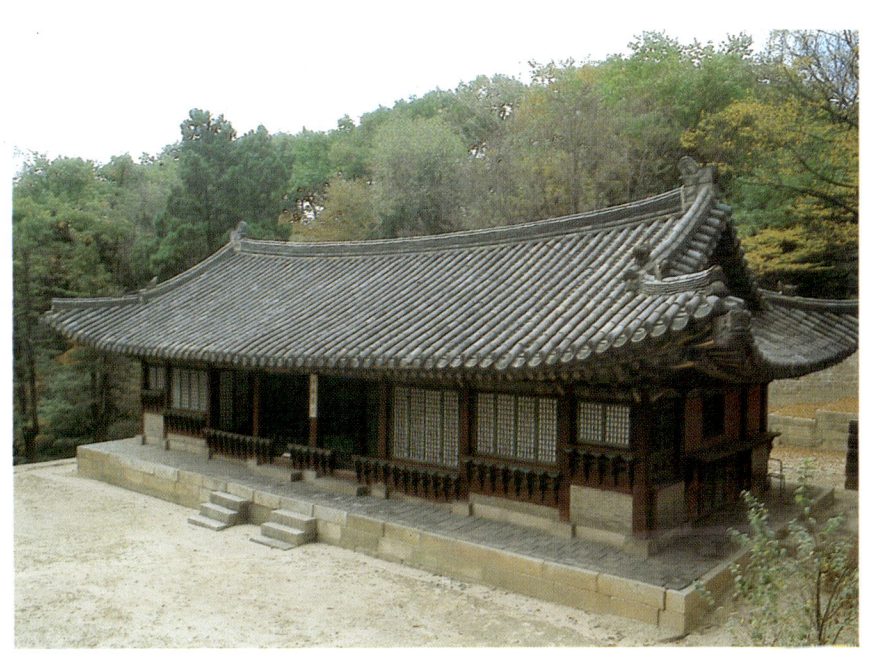

서향각　서향각은 주합루 서쪽 터에 동향으로 자리잡은 정면 8칸, 측면 3칸의 장방형 평면을 이루고 있는 초익공집으로 부연 있는 겹처마 팔작지붕이다.

주합루 주변의 처리

주합루 주변은 주합루, 서향각, 제월광풍관 등이 모두 구릉 위쪽에 자리잡고 있으므로 그 지대의 높낮이를 마무리하는 데는 한국의 전통적인 조원(造苑) 수법이 쓰여질 수밖에 없다.

가장 두드러진 부분이 앞에서 말한 어수문, 취병 그리고 장대석 마무리를 규칙적인 석단 처리로 한 것이다. 그러나 이들 석단의 서북쪽 안쪽은 지세를 따라 때로는 직선으로 때로는 곡선으로 높고 낮은 그리고 넓고 좁은 단을 지으면서 또 그 가장자리는 적당히 다듬은 작은 돌들로 마무리하였고 자연스럽게 흐르는 물줄기는 도랑을 만들어 아래터의 부용지에 들게 하였다. 또 구릉지의 가장 높은 등성이를 따라서 사고석 담장을 쌓아 공간의 영역을 설정하고 있다.

기오헌(寄傲軒)과 의두각(倚斗閣)

이 2채의 집들은 영화당 동쪽 넓은 마당을 지나 후원 안쪽으로 들어서면 왼쪽에 금마문(金馬門)이 나오는데 문 안쪽 산언덕 아래에 위치하고 있다. 때문에 주합루 북쪽의 북문을 나와서 용운문(龍雲門)을 지나 언덕 아래로 난 오솔길을 내려서도 기오헌과 의두각에 도달한다.

이곳은 순조 27년(1927)에 다시 지은 것인데 뒷날 헌종 때 익종(翼宗)이라는 왕의 칭호를 받게 된 순조의 왕세자가 독서를 즐기던 곳이다. 현재 익종이 지은 '의두각십경시(倚斗閣十景詩)'가 전하고 있다.

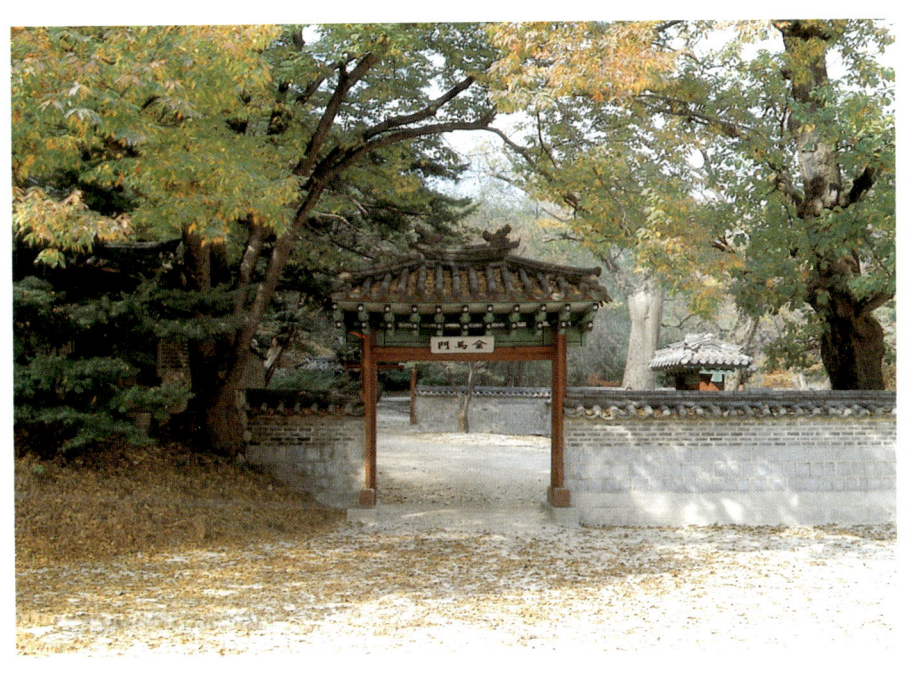

금마문 영화당 동쪽 넓은 마당을 지나 후원 안쪽에 들어서면 왼쪽에 금마문이 나오는데 이 문의 안쪽 산언덕 아래에 기오헌과 의두각이 자리잡고 있다.

기오헌

　장대석을 한 벌로 두른 낮은 기단 위에 네모 뿔대의 다듬은 초석을 놓고 네모 기둥을 세워 납도리로 결구한 민도리집으로 홑처마의 팔작지붕을 이루고 있다. 단청을 하지 않은 극히 소박한 집이다.
　정면 4칸, 측면 3칸의 방형 평면으로 왼쪽 1칸폭이 온돌방이고, 중앙 2칸폭이 우물마루의 대청이고 오른쪽 1칸폭이 누마루이다.

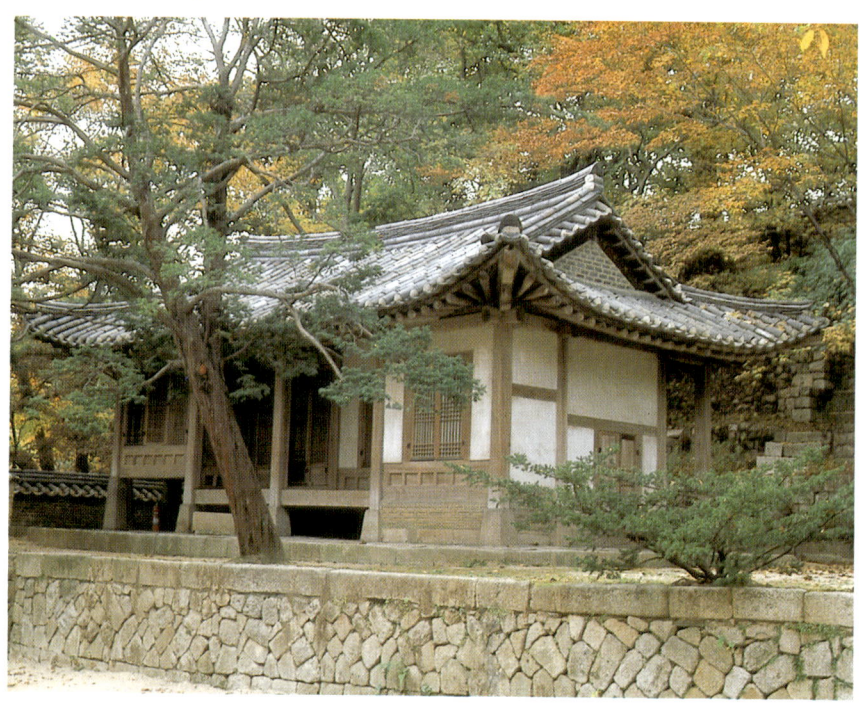

기오헌　이곳은 순조대에 다시 지은 것인데 뒷날 헌종 때 익종으로 추증된 순조의 왕세자가 독서를 즐기던 곳이다.

의두각

기오헌처럼 민도리집으로 홑처마 팔작지붕을 이루고 있다.

단청을 하지 않은 소박한 백골집(白骨宅)으로 정면 2칸, 측면 1칸의 극히 작은 평면을 이루고 있다.

이곳 또한 익종이 왕세자일 때 다시 짓고 즐겨 시간을 보내던 곳이다.

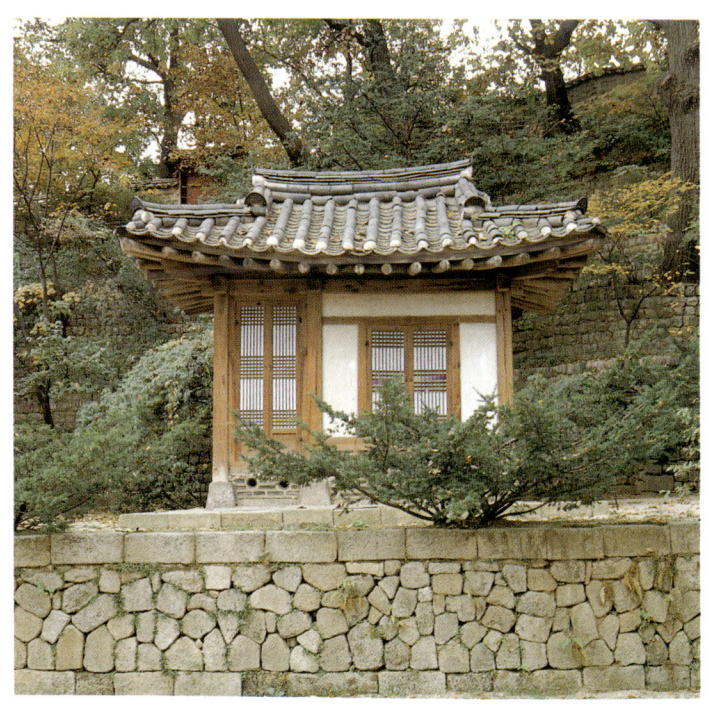

의두각 의두각도 익종이 즐겨 찾던 곳 가운데 하나이다. 현재 익종이 지은 '의두각십경시(倚斗閣十景詩)'가 전하고 있다.

불로문(不老門)과 애련정(愛蓮亭)

51쪽 사진 금마문 옆 담장 중간에는 담장을 끊어 2개의 다듬은 돌 초석을 놓고 이 위에 ⌐⌐모양으로 한 장의 통돌을 깎아 세운 불로문이 있다. 본래에는 문짝을 달았었는지 돌쩌귀 구멍 자리가 남아 있는데 이 문을 드나들면 늙지 않기를 기원했던 모양이다.

「궁궐지」의 기록을 보면 이 불로문 앞에는 연못이 하나 있었고, 그 이름을 불로지(不老池)라고 하였다.

'동궐도'에도 불로문 앞에 연못이 그려져 있는 것을 볼 때 이「궁궐지」의 기록이나, '동궐도'의 내용이 서로 같으며 또 사실이었음을 알 수 있다.

그리고 또한 '동궐도'에는 순조 27년(1827)에 지은 기오헌과 의두각이 없고 대신 "양안제(陽安劑)"와 "거림운(居硺韻)"이라 쓴 2채의 집이 그려져 있는 것으로 보아 '동궐도'가 필자가 밝혔던 순조 24년(1824)에서 28년(1828) 사이에 만들어졌을 것으로 추정했던 것을 1년 앞당겨 1827년 이전에 그려진 것이라는 사실을 밝힐 수 있게 되었다.

52쪽 사진 불로문을 들어서면 오른쪽으로 넓은 네모난 연못(方池)이 있고, 이 북쪽 연못가에 애련정이 자리잡고 있다. 애련정은 숙종 18년(1692)에 지은 것이다.

정면 1칸, 측면 1칸 되는 사모정인데 네 기둥 가운데 남쪽 전면의 두 기둥은 연못 속에 놓은 장주형 초석 위에 세우고 뒤쪽 북쪽의 두 기둥은 장대석 한벌대 기단 위에 놓은 운두가 낮은 다듬은 돌 초석 위에 세웠다.

건축의 양식은 익공을 2개 기둥 위에 놓은 이익공 양식이다.

부연을 둔 겹처마로 사모지붕 중앙에는 절병통을 얹어 마무리하였다.

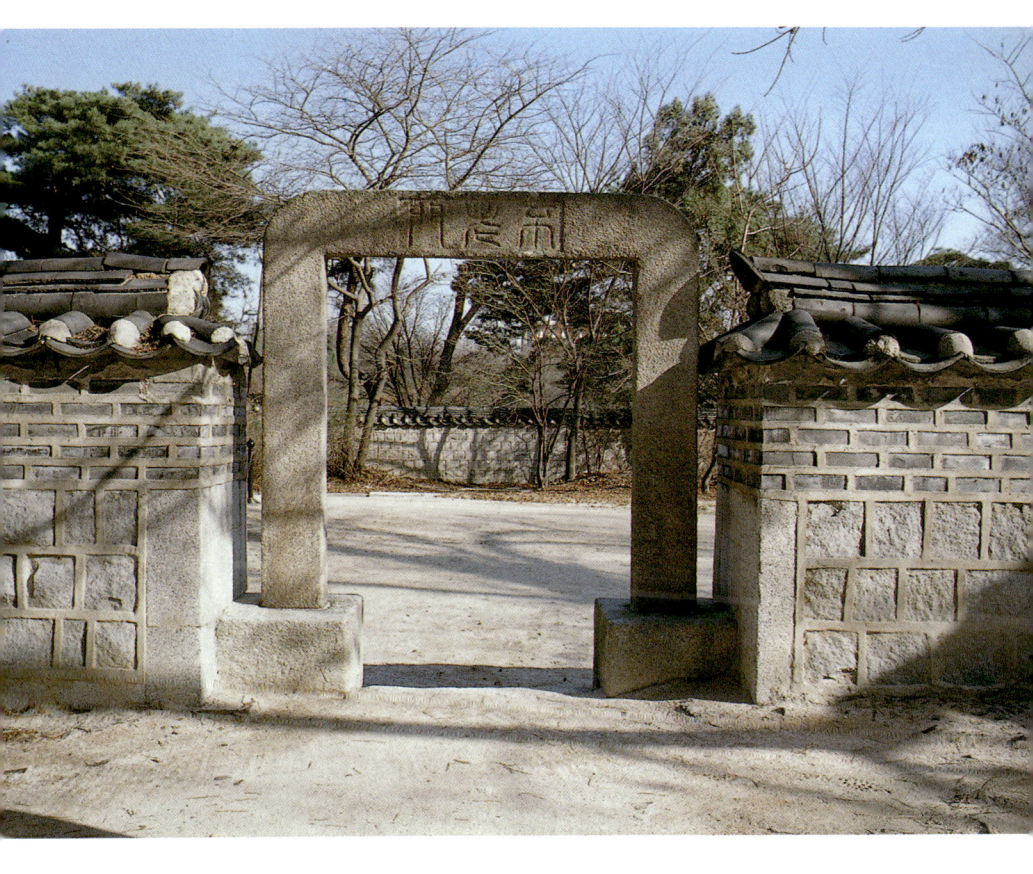

불로문　남쪽문 옆 담장 중간에 담장을 끊어 2개의 다듬은 돌 초석을 놓고 이 위에
한 장의 통돌을 깎아 세운 불로문이 있다. 본래에는 문짝을 달았었는지 돌쩌귀 구멍
자리가 남아 있다.

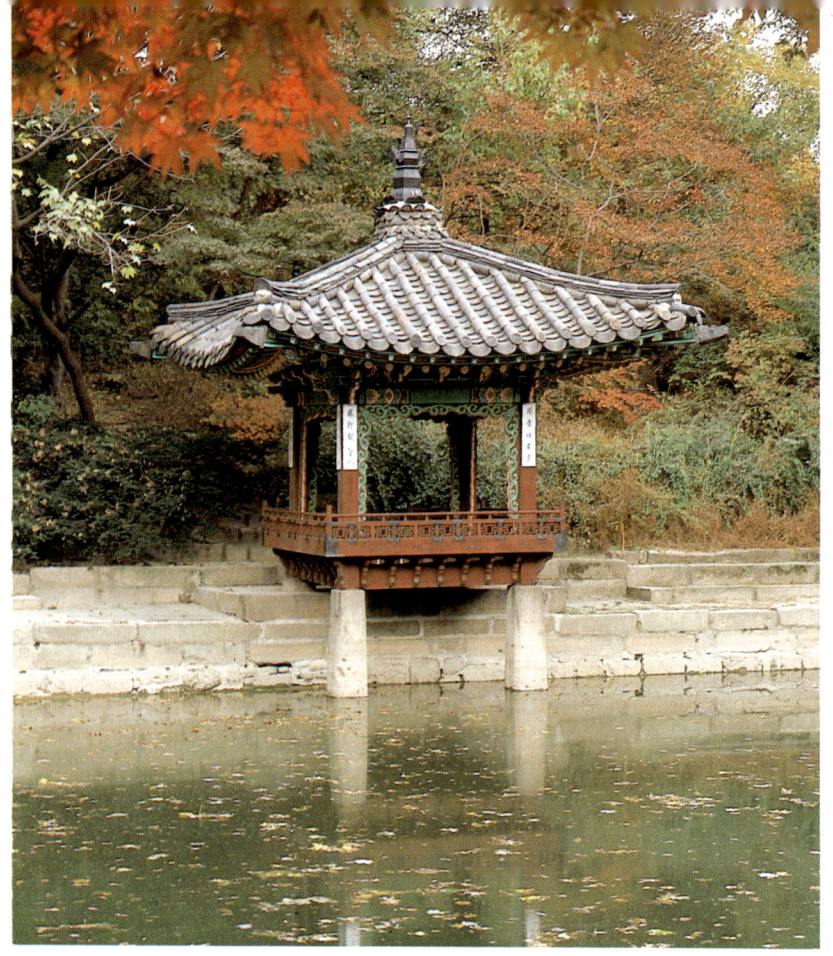

애련정 애련정은 숙종 18년(1692)에 지은 것이다. 정면 1칸, 측면 1칸 되는 사모정인
데 남쪽 전면의 두 기둥은 연못 속에 놓은 장주형 초석 위에 세웠다.

　　기둥과 창방 아래에 낙양판을 붙여 정자 안에서 밖으로 내다보는
경관이나 정자를 바라볼 때 한층 아름다움을 더해 주고 있다.
　　특히 주목할 것은 정자 사방으로 두른 난간인데 초석 위쪽으로
계자각을 세워 이 위에 정자 밖으로 돌출된 아자살로 궁창부를 꾸민
평난간을 받치고 있어, 정자 안쪽에 걸터앉을 자리가 자연스럽게
마련되었다.

금마문, 불로문 주변도(동궐도형)

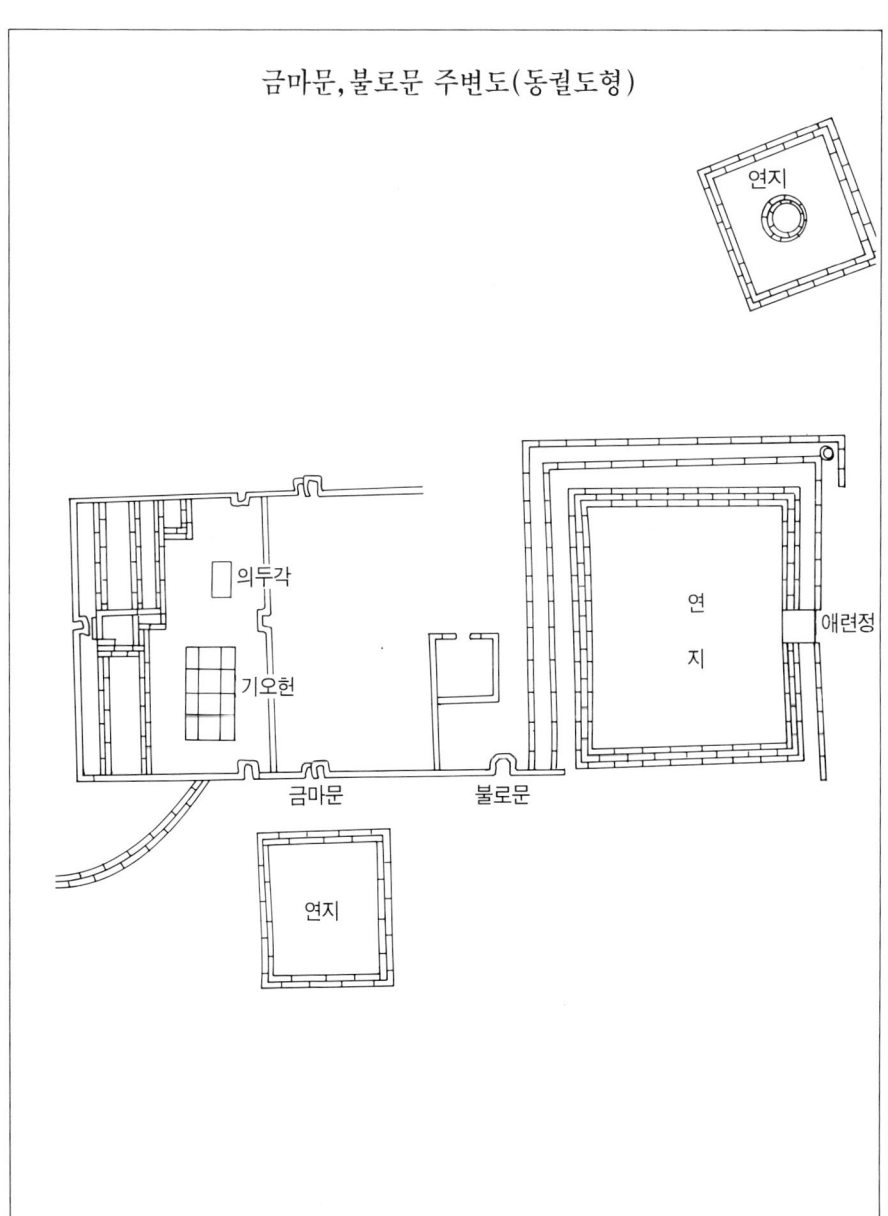

연지

의두각

기오헌

금마문

불로문

연
지

애련정

연지

기둥에는 주련들이 걸려 있는데 그 시는 다음과 같다(李廷燮 조사 번역,「문화재」17호, 1984).

비맞은 연잎 위에 진주알 흩어지고
활짝 핀 연꽃은 단장한 고운 볼일레.
정자는 여래 자리에 가깝고
못은 태을주를 띄웠네.
꽃이 사랑스러워 군자라 일컫고
거북의 나이를 성상께 바치네.
푸른 연대로 어주를 드리고
찬란한 놀 천화의 향기 흩도다.
(雨葉眞珠散 晴花粉臉明
亭近如來座 池容太乙舟
花愛稱君子 龜齡獻聖人
碧筒供御酒 霞綺散天香)

정자 뒤쪽 구릉에는 주합루 구릉에서처럼 장대석으로 마무리한 석단들을 여러 단 만들었다.

또 연못 애련지도 장대석으로 바른층쌓기하여 마무리하였는데 이 연못에 물을 끌어들이는 입수구(入水口)의 처리가 빼어난 솜씨를 자랑하고 있다.

55쪽 사진   애련정 안쪽 연경당 쪽에서 모아 흘러내리는 도랑물을 한 장의 넓은 판장돌 중앙을 우묵하게 파서 만든 물길을 따라 한 길 낮은 곳에 자리잡은 물확에 작은 폭포를 이루어 떨어뜨리고 이 물확에 가득 찬 물이 다시 연못에 흘러들게 한 것이다.

이런 수법은 비록 물확이나 그 주변의 모습이 다르다 하더라도 경주 안압지에 물을 끌어들이는 수법의 계승이라 할 수 있다.

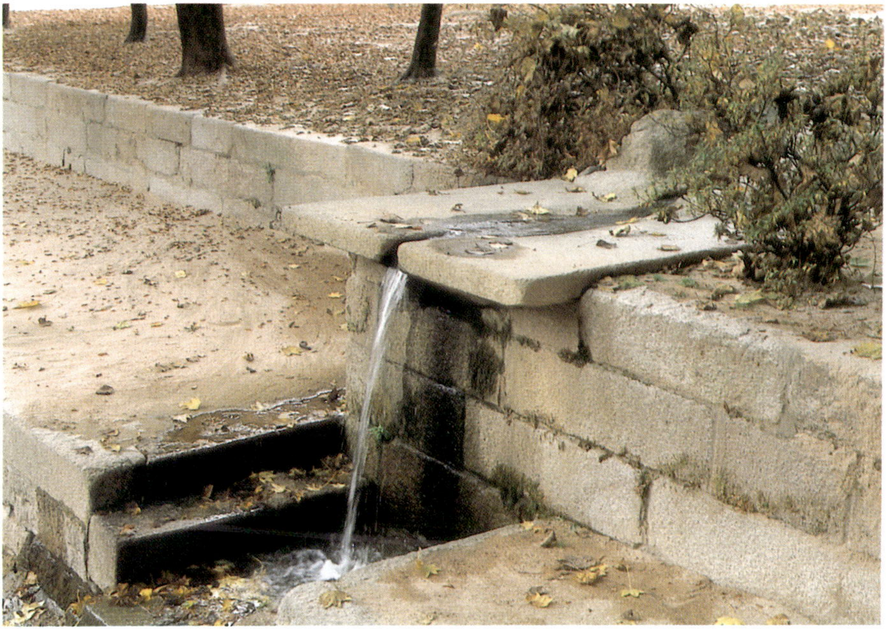

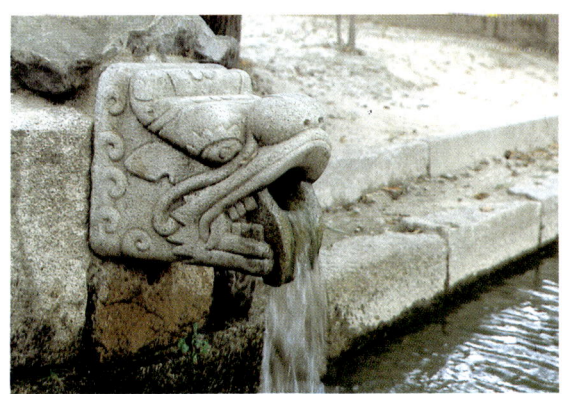

애련지 입수구 애련정 안쪽 연경당 쪽에서 모아 흘러내리는 도랑물을 한 장의 넓은 판장돌 가운데를 우묵하게 파서 만든 물길을 따라 한 길 낮은 곳에 자리잡은 물확에 작은 폭포를 이루어 떨어뜨리고 이 물확에 가득 찬 물이 다시 연못에 흘러들게 하였다.(위)

용두를 통해 물이 흘러들게 한 석루조(아래)

연경당(演慶堂)과 그 주변

애련지를 지나 더 안쪽으로 들어서면 또 다른 작은 연못이 나오고 이 서북쪽 터에 연경당이 자리잡고 있다.

지금의 연경당은 순조 28년(1828)에 당시 왕세자였던 익종의 청으로 사대부집을 모방하여 궁궐 안에 지은 이른바 99칸 집이다.

순조의 왕세자인 익종은 순조 9년에 태어나 순조 27년 왕명으로 대리 청정을 하다가 순조 30년(1830)에 세상을 떠났다. 그 뒤 아들이 헌종(憲宗)으로 즉위하자 왕으로 추증되어 익종으로 종묘에 봉향되었는데 연경당은 바로 익종의 대리 청정 때 지은 것이다.

'동궐도'를 보면 애련지와 연경당 앞쪽의 작은 연못 사이에 "어수당(魚水堂)"이라 편액을 건 정면 4칸, 측면 2칸 되는 팔작 기와집이 한 채 있었고 또 연경당 자리에는 지금의 연경당과는 다른 ㄷ자 평면의 연경당과 개금재(開錦齋) 그리고 행랑에 우뚝 선 장락문(長樂門)이 있었던 것을 볼 수 있다.

이 '동궐도'와 기록을 살펴볼 때 지금의 연경당을 본래의 연경당과 개금재 자리에 지으면서 당호(堂號)와 문 이름을 그대로 따온 것임을 알 수 있다.

또 먼저 살펴본 의두각, 기오헌 등이 모두 익종의 왕세자 시절에 지은 것으로 이곳 금마문과 불로문 안쪽 넓은 영역은 주로 익종이 왕세자 시절 즐겨 생활하던 곳임을 알 수 있다.

연경당 행랑채와 그 가운데 우뚝 선 솟을대문인 장락문 밖 넓은 터는 행랑 바깥 마당인 것이다.

사대부집에서는 대개 줄행랑과 솟을대문 밖 넓은 터에 큰 느티나무가 있어 여름철이면 매미를 불러들이고, 매미의 울음소리를 들으며 무더운 여름철을 보냈다. 이곳 연경당에서도 그 모습을 그대로 받아들여 큰 느티나무를 한 그루 심고 주변에 도랑과 다리 그리고 석함, 대석 등의 석물들을 늘어놓았다.

장락문 앞으로 걸어 들어가려면 작은 돌다리를 건너야 한다. 이 49쪽 위 사진 다리는 연경당 서북쪽 골짜기에서 내려온 물을 일단 서쪽 행랑 마당 밑으로 끌어들이고 다시 서쪽 행랑채 밑에서 작은 개천으로 끌어내어 행랑채 앞쪽으로 돌아 흐르게 한 개천 위에 있다. 이 작은 개천은 연경당 남쪽 넓은 터로 유연한 곡선을 그리며 흘러나간다.

한국의 전통 정원에서 석단, 화계, 기단 등 직선적인 구성이 일반적인데 이것은 정원의 주체가 되는 정자, 누 그리고 집 들의 모든 건축이 직선적인 구성을 하기 때문에 이와 조화되게 하려 했기 때문이다.

그러나 물의 흐름은 직선적이 되어서는 안 된다. 물은 유연하여야 한다. 때문에 물을 흘러보내는 작은 도랑, 개천 등은 유연하게 흐르도록 하고 그 가장자리를 마감하는 장대석들도 필요한 곳에서는 휘어지게 다듬는 것이다.

연경당에서도 개천 양쪽 벽의 장대석들을 부드러운 곡선으로 마감하였다. 그리고 가장자리에 심은 나무뿌리를 보호하기 위하여 둥글게 마무리한 것도 볼 수 있다.

사대부집이나 궁궐의 정전 등에 들어갈 때 개천 위에 놓인 다리를 건너게 된 것은 어떻게 보면 적어도 고려 왕조 때부터 내려오는 공간 디자인의 한 수법이라 할 수 있다.

고려 때 개성의 궁궐 터인 만월대(滿月臺) 터를 보아도 그렇다. 곧 정문인 신봉문(神鳳門)에 이르기 전에 서쪽으로부터 물이 흘러와 동쪽으로 흘러가는 개천인 광명천(廣明川) 위에 놓인 돌다리인 만월교(滿月橋)를 딛고 건너게 된다. 만월교가 놓인 광명천은 하나의 금천(禁川)이고, 다리는 금천교(禁川橋)이다.

또 조선시대 경복궁의 정전인 근정전(勤政殿)의 정문 근정문 앞에는 금천이 흐르고 이 위에 영제교(永濟橋)가 서 있다.

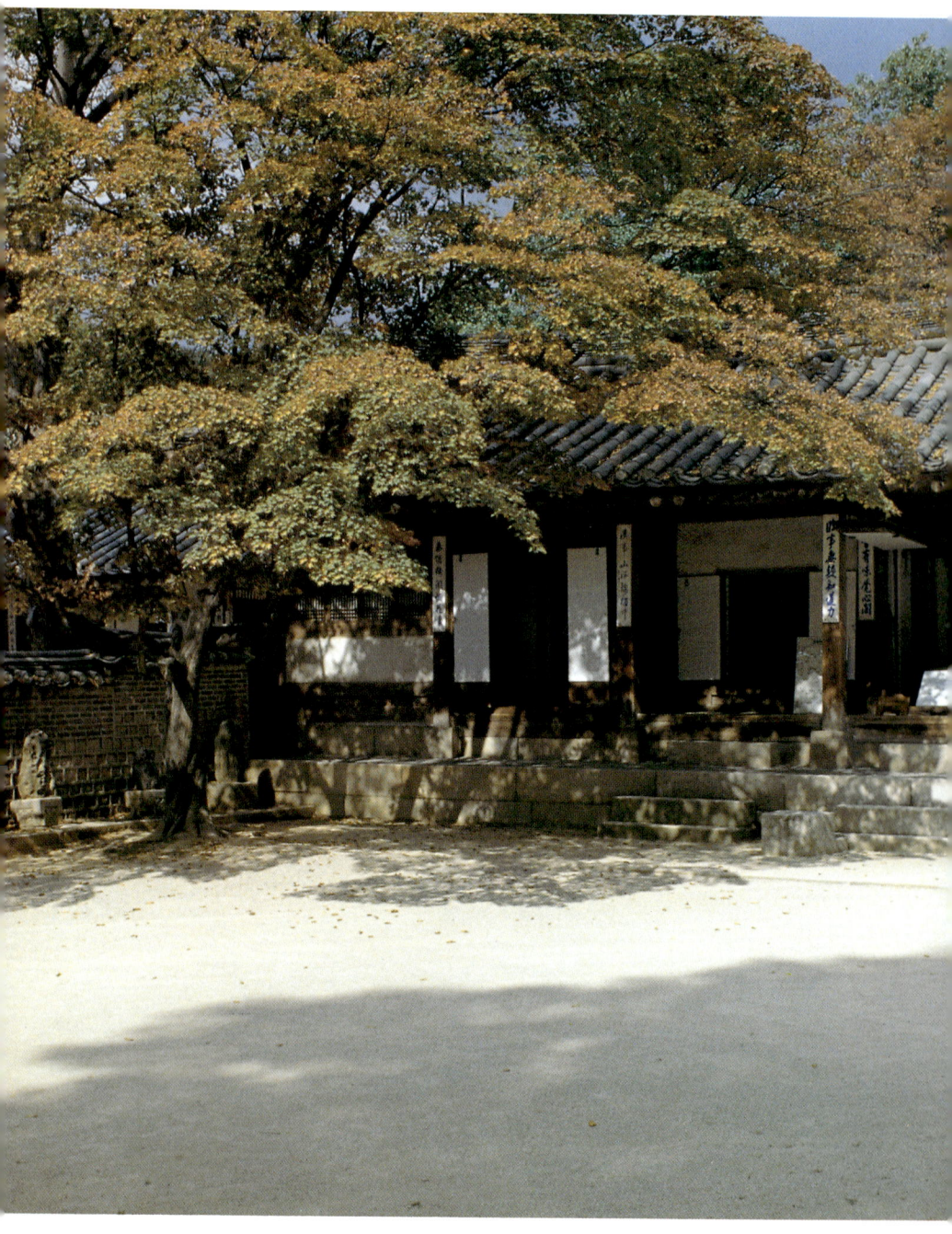

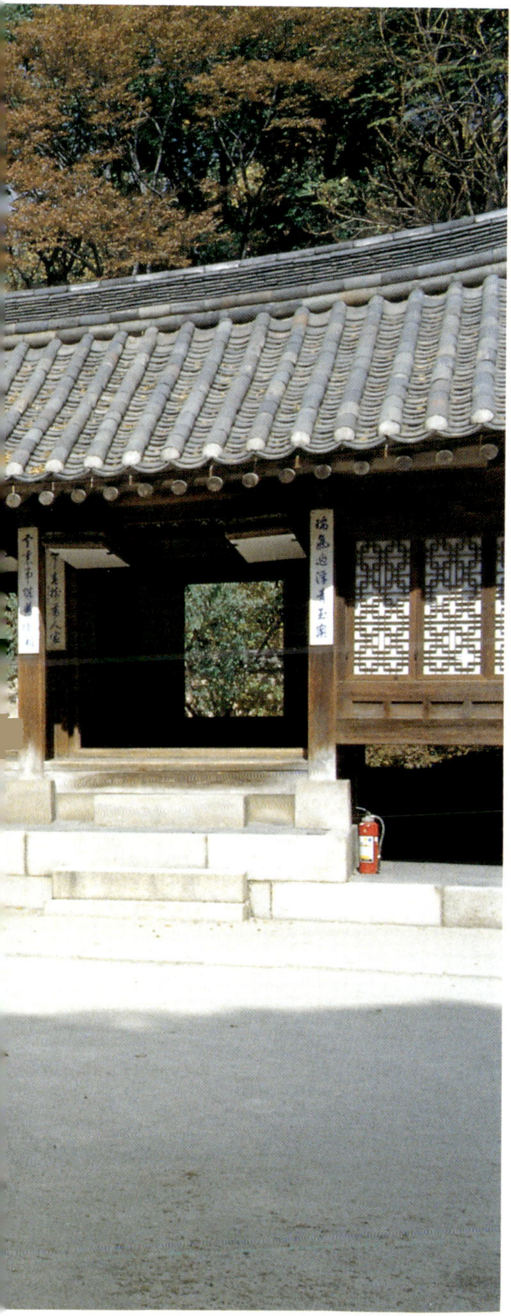

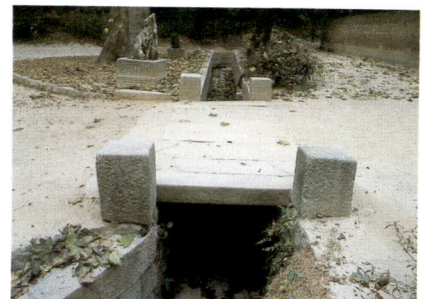

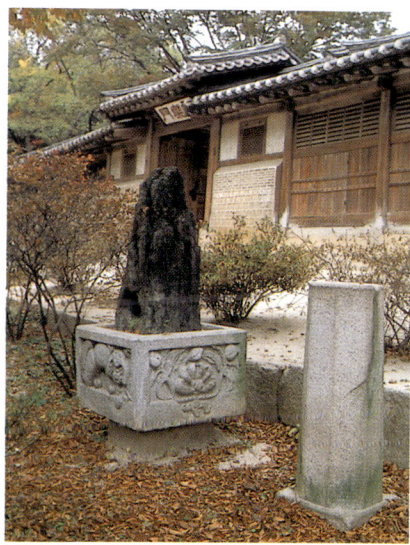

연경당 지금의 연경당은 순조 28년(1828)에 당시 왕세자였던 익종의 청으로 사대부집을 모방하여 궁궐 안에 지은 이른바 99칸 집이다. 왼쪽은 사랑 채, 가장 위는 도랑을 건너는 다리, 아래는 장락문 과 석함, 대석 등이다.

이와 같은 이치로 창덕궁에서는 금천교(錦川橋)가, 창경궁(昌慶宮)에는 옥천교(玉川橋)가 있다. 그리고 경복궁과 창덕궁에서는 금천이 서북쪽에서 흘러와 동남쪽으로 흘러나가는데 이때 정전은 남쪽을 향하고 있다.

연경당의 개천도 남쪽으로 향한 연경당 서북쪽에서 흘러들어와 동남쪽으로 흘러나가는 것은 우연의 일치만은 아니라 하겠다.

연경당 행랑 바깥 마당의 석함은 보기 드문 수작이다.

59쪽 아래 사진

커다란 괴석을 담은 직육면체의 석함 사면은 꽃무늬로 장식하였는데 윗면 네 귀퉁이에 개구리가 한 마리씩 조각되어 있다. 이들 네 마리의 개구리들은 어떤 것은 안쪽으로 기어들어가고 또 어떤 것은 바깥쪽으로 기어나오고 있다. 살아 움직이고 있는 것이다. 이것은 곧 가만히 그 자리에 놓여 있는 괴석과 석함에 움직임의 요소를 줌으로써 정적 공간을 동적 공간으로 바꾸어 놓은 것이다.

이 석함의 동북쪽에 서 있는 팔각형 단면의 석주 모양인 대석(臺石)은 측우기를 받치던 석물의 하나이다.

측우기는 단면이 둥근 원통이기 때문에 이 대석의 팔각형 평면 안쪽으로 둥글게 홈을 파서 측우기를 올려 놓았을 때 움직이지 않게 하였다.

연경당의 행랑채는 중앙의 장락문을 중심으로 서쪽은 사고석 쌓기의 방화장(防火牆) 벽체이나 동쪽은 판장벽으로 구성되어 있다. 그리고 동쪽 끝은 일단 꺾여 안쪽으로 연결되면서 다시 방화장 벽체를 이루고 있다.

이것은 우리들이 연경당 전체를 바라보며 집 가까이 접근할 때 첫눈에 들어오는 경관의 변화를 꾀한 수법이라 할 수 있다.

곧 굳은 재질의 방화장 벽체에서 우뚝 선 솟을대문 그리고 다시 한 단 낮게 자리잡은 부드러운 재질의 판장벽으로의 변화들로부터 우리들은 시각적 즐거움을 얻을 수 있다.

연경당의 대문인 장락문은 솟을대문이다. 평대문(平大門)이 대문을 설치한 행랑채의 지붕과 같은 높이, 같은 지붕 속의 것이라면 솟을대문은 행랑채 지붕보다 한 층 높인 지붕을 덮고 있다.

조선시대에는 국가 관료직은 정(正)과 종(從) 각각 9품계로 총 18품계(品階)로 나누어졌다.

이 가운데 종 2품 이상의 관료는 초헌(軺軒)이라 부르는 외바퀴 수레를 타고 대궐에 드나들었다. 이때 이 초헌을 탄 채로 대문을 드나들려면 대문의 지붕을 주변 행랑채보다 한 층 높일 수밖에 없었고 또 문지방의 중앙은 홈을 파서 외바퀴가 지나가도록 한 것이다.

솟을대문이 지체 높은 양반집에 세워지게 되자 점차 종 2품 아래쪽의 양반집에서도 솟을대문을 달기 시작하였는데 이들은 대개 문지방의 홈이 없이 지붕만을 한 층 높인 솟을대문이었다. 결국 솟을대문은 양반집임을 말해 주는 대문이 되었고 자연히 '솟을대문집' 하면 그 집은 곧 양반집이 되었다.

조선시대 오백여 년을 이렇게 내려오다 보니 신분제가 유명 무실하게 된 갑오경장(1900년) 뒤에 중인(中人) 집에서 선망의 대상이었던 솟을대문을 달자, 양반 계층에서는 오히려 양반집 체모를 손상하였다 하여 솟을대문을 헐고 평대문으로 고친 사례들이 생기게 되었다.

우뚝 선 솟을대문을 들어서면 곧 행랑 마당이다. 이 마당을 통하여 한 쪽으로는 사랑 마당으로 다른 쪽으로는 안마당에 드나들 수 있다. 이 마당은 바깥 행랑채와 중문간 행랑채로 둘러싸인 장방형 마당이다.

솟을대문의 동쪽 바깥 행랑채 끝은 측간(厠間)이 자리잡고, 그 다음은 기둥과 지붕으로만 구성된 마굿간이다. 측간은 연경당에 살고 있는 남자들만이 사용하는 바깥 변소로서 보통 외측(外厠)이라 부른다. 여자들의 변소는 내측(內厠)으로 '동궐도형'(東闕圖形; 고종 때 그린 것으로 추측되는 창덕궁, 창경궁의 배치도)에 의하면 연경당 안채 서쪽 집 밖에 있었는데 지금은 없어져 찾아볼 수 없다.

솟을대문의 서쪽은 방과 마루 들로 구성되고 끝 쪽으로 헛간이 자리잡고 있다.

솟을대문과 마주하는 행랑채는 중문간 행랑채이다. 이 행랑채의 동쪽에는 사랑 마당으로 드나드는 중문이 있고, 서쪽에는 안마당으로 드나드는 중문이 있다.

사랑 마당으로 드나드는 중문은 솟을대문이지만 안채로 드나드는 중문이 평대문인 것은 조선시대에 남자는 귀하고 여자는 천하다는 남존여비 사상이 있었기 때문이다.

사랑 마당을 들어서면 맞은편 북쪽에 사랑채가 자리잡고 그 동쪽에 선향재(善香齋)가 서 있음이 한눈에 들어온다. 사랑채는 안채와 한 채로 연이어 지어진 집으로, 그 평면은 사랑방, 침방, 대청, 누마루 그리고 다락으로 이루어졌다.

사랑방은 이 집 주인의 일상 거처이다. 대궐에서 퇴궐하면 이 방에서 찾아오는 손님을 맞이하고, 또 문객(門客)들과 더불어 이야기를 나누는 곳이다.

조선시대에는 세력있는 대갓집에는 항상 문객들이 끊이지 않았는데 이들은 식사를 제공받는 식객(食客)으로 세상 소식을 주인에게 전해 주는 역할을 담당하였다.

사랑방 옆에 붙은 작은 방은 침방(寢房)이다.

조선시대는 초기부터 남녀 구별이 있어 부부사이라 하더라도 보통 때는 남자는 사랑채에서 지냈다. 때문에 태종 때부터 벌써 부부간에 따로 잠자라는 영(令)을 내렸고, 침방을 사랑채에 만들게 되었다.

사랑방 동쪽은 대청(大廳)이고 이 옆에는 누마루를 두었다. 대청과 누마루는 무더운 여름철에 시원하게 지낼 수 있는 거처이다.

그러나 대개의 경우 대청은 사랑방이나 누마루에 드나드는 전실(前室)의 역할이 더 큰 것도 사실이다. 여름이면 이곳에 돗자리를 깔고 여름용 자리 방석들이 놓여진다. 또 발도 쳐지고 때로 살평상을 들여놓기도 한다.

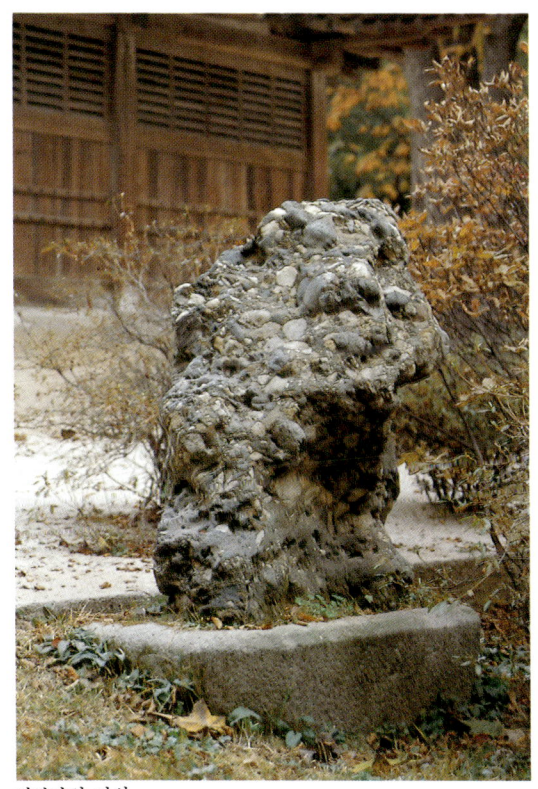

연경당의 괴석

사랑채 동쪽의 선향재(善香齋)는 책들을 보관하고 책을 읽는 서재이다. 중앙에 큰 대청을 두고 양쪽에 온돌방을 두었다. 그리고 정면이 되는 서쪽으로 기둥들을 세우고 맞배지붕을 덮어 차양(遮陽)을 만들었다. 정자살로 짜여진 문짝을 가로로 달고 끈으로 잡아당겨 기둥에 단 고리에 매어 놓았다.

이 차양은 석양녘의 뜨거운 햇살이나 비, 바람을 막아 준다. 이런 구조가 이미 삼국시대 신라의 절이었던 황룡사 금당에도 있었음이 최근의 발굴 조사에서 입증되었다. 조선시대의 사대부나 서울의 중인집에서 사랑채 앞이나 별당채 앞에 이 차양을 한 예가 많은데 대표적인 것으로 서울 다동의 백씨 집, 경운동 민씨 집, 안국동 윤씨 집, 강릉 선교장, 해남 윤고산 고택 등에 있음을 볼 수 있다.

선향재 뒤쪽은 언덕을 층층이 깎아 돌로 가장자리를 마무리하고 단마다 화초를 심었는데 이를 화계(花階)라 부른다. 우리나라는 도처에 구릉과 산으로 되어 있기 때문에 보통 집의 뒤쪽은 동산이 되고 예부터 이 동산을 잘 가꾸었다.

연경당의 동산도 동산바치가 가꾼 것이고 이 동산에는 산정(山亭)인 농수정(濃繡亭)이 지어져 있다.

농수정은 장대석 기단 위에 네모 기둥을 세워 익공을 놓은 익공집이다. 지붕은 사모지붕이고 중앙에 절병통을 놓았다. 정자의 네 면을 모두 들어서 열게 문짝을 달아 이들을 접어서 들쇠에 매달면 사방의 좋은 경치가 한눈에 들어온다.

사랑채 앞의 사랑 마당은 사랑채와 연속으로 지어진 안채 사이에 꺾여진 사잇담을 쌓아 안마당과 구별하였으나 사잇담 중간에 일각 대문을 달아 드나들 수 있게 하였다.

담장 밑에는 괴석을 담아 놓은 석함들을 늘어놓았고 담 모퉁이에는 큰 나무를 심었는데 이것이 정심수(庭心樹)이다. 본래 정심수란 마당 중앙에 심는 나무라는 뜻이지만 실제로 심기는 마당 중앙을 비껴서 심는다. 그것은 마당 모양이 'ㅁ'형이고, 나무가 '木'이 되어, 곧 '困'이 되니 이 자는 '곤할 곤'자로서 그 뜻이 나쁘기 때문이다.

사랑 마당 동남쪽과 남쪽에는 중문간 행랑채가 자리잡고 한 쪽에 석련지가 놓여 있다.

중문간 행랑채에는 바깥 행랑채의 노비들보다 격이 한층 높은 아랫사람들이 거처하는데, 노비들을 부리는 우두머리인 청지기의 방이 이곳에 자리잡게 된다. 한편 석련지는 마당에 연못을 팔 수 없을 때 이곳에 물을 담고 연잎을 띄우는 정원의 한 석물이다.

행랑 마당에 난 평대문을 들어서면 안마당이 되고 여기에 안채가 사랑채와 연이어져 있다.

안채는 ㄱ자형 평면으로 누다락과 안방이 동서로 면하고 ㄱ자로 꺾인 곳에 남쪽으로 면한 안대청과 건넌방이 자리잡고 있다.

안방은 안주인의 거처이고 누다락은 안주인의 여름철 거처이다. 그 아래쪽은 안방에 불을 때는 아궁이가 있는 함실 아궁이다. 일반 사대부집에서는 이곳이 보통 부엌인데 특히 큰 집 예컨대 대가에서 는 부엌칸이 반빗간(飯備間)으로 따로 지어지기 때문인데 이곳에서 는 안채 뒤쪽에 빈빗간이 자리잡고 있다.

안채는 사랑채처럼 팔작 기와지붕을 이루고 있는데 도리가 사랑 채는 단면이 원형인 굴도리이고, 안채는 단면이 네모진 납도리이 다. 이 또한 굴도리가 납도리보다 격이 높은 것이기 때문에 남존여 비 사상을 나타낸 것이다.

안채 안마당에도 담 모퉁이에 정심수가 있고 이 정심수에는 괴석 이 박혀 있는데 이것은 나무를 시집 보내는 것을 상징한다. 또 팔각 형으로 된 대석이 있는데 화초분이나 해시계 등을 받쳐 놓는 석물이 다. 안채 뒤쪽으로는 사잇담이 쳐 있고 그 안쪽에 별채로 반빗간이 자리잡고 있다. 이곳에서 음식을 장만하고 빨래를 손질하고 또 바느 질 등 집안의 안살림을 하던 곳이다.

관람정(觀纜亭)과 반도지(半島池)

 불로문 앞을 지나 더한층 후원의 안쪽으로 접어들면 왼쪽 꺾인 곳에 연못 하나와 연못가의 정자를 만나게 되니 이것이 반도지라 부르는 연못이고, 정자가 관람정이다.
 이 반도지는 그 모양이 한반도와 모양이 같다고 하여 붙여진 이름이지만 사실은 일본인들이 나쁜 의도로 만들어 놓은 것이라 생각된다. 왜냐하면 본래의 연못 모양은 '동궐도형'에서 보면 크고 작은 원형이 3개가 한 곳에 모여든 마치 호리병과 같은 모습이었고, 또 '동궐도'에는 아예 이 지역에 연못이나 정자가 없기 때문이다.

관람정과 반도지

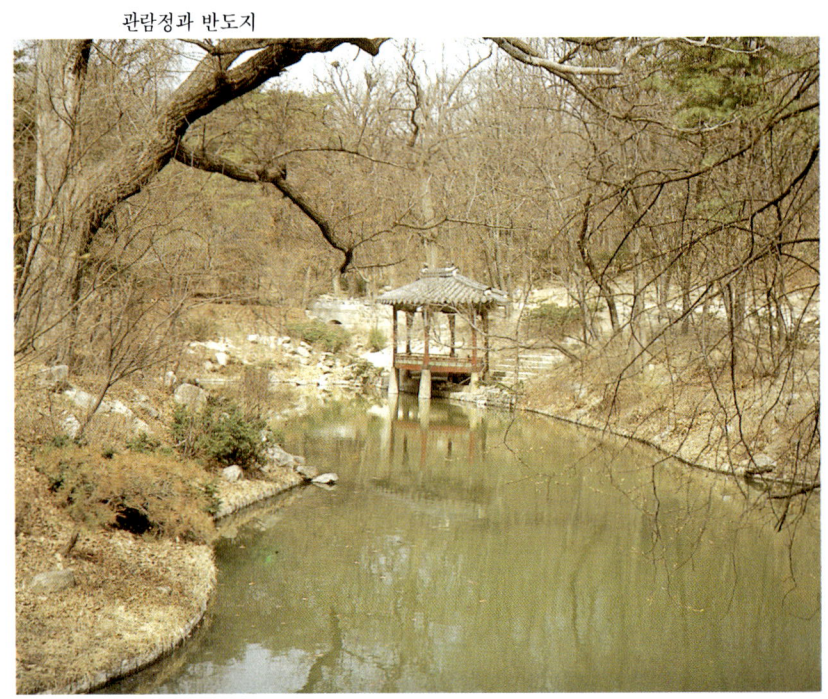

그리고 더더욱 고약한 것은 반도지의 배치가 북쪽 함경도 쪽을 남쪽에 놓고 남쪽 경상, 전라도 지역이 북쪽에 오도록 한 것으로 보아, 고종 때 호리병 모양의 연못을 의도적으로 고친 일본인들의 속셈을 알 수 있다. 곧 일본인들이 반도지를 만든 것은 한국의 옛 광대하였던 만주 일대의 고구려 땅 등을 관심 밖으로 하기 위해 한반도를 강조하면서도 거꾸로 뒤집어 놓아 저주하고자 한 것이다.

이 연못의 가장자리에는 관람정이 서 있다. 그 평면이 부채꼴이기 69쪽 사진 때문에 「궁궐지」에는 "선자정(扇子亭)"이라 기록되어 있다. 6개의

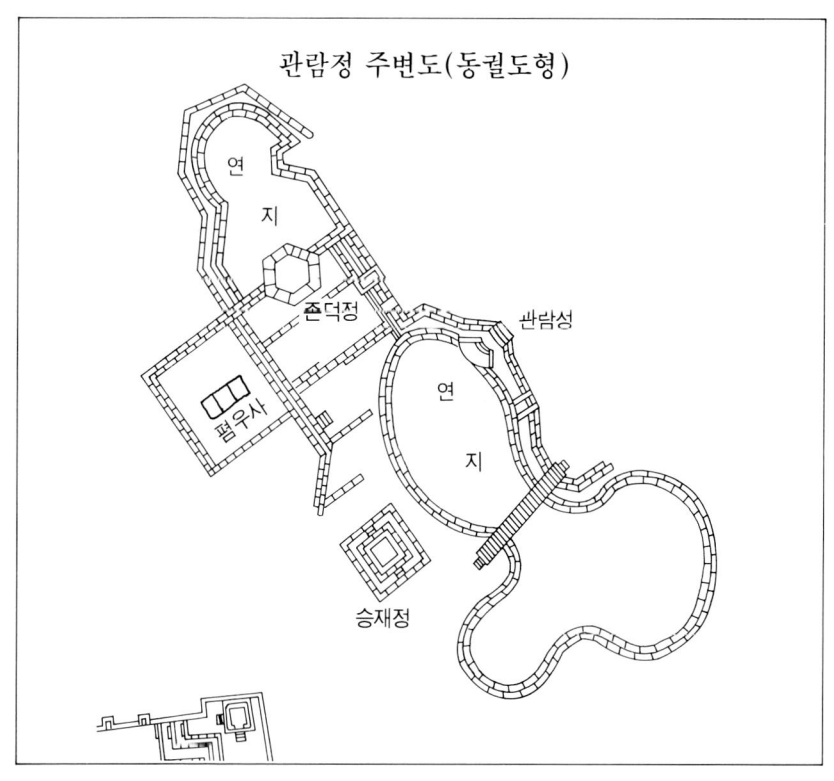

관람정 주변도(동궐도형)

연
지

존덕정

관람정

펌우사

연
지

승재정

초석 위에 단면이 둥근 기둥을 세웠는데 4개의 기둥은 연못 속에
발을 담그고 있다. 현재까지로는 평면이 부채꼴 모양인 정자로는
이 관람정 하나뿐이다.

정자의 처마는 홑처마이고 지붕은 우진각지붕 모양으로 용마루와
추녀 마루를 만들고 용마루 양끝에는 용두(龍頭)로써 치장하였다.

정자의 바닥은 우물마루가 아니라 널을 길게 깐 장마루이고 땅에
오르는 계단 쪽만을 빼고 나머지 둘레에는 아름다운 평난간을 둘렀
는데 이 난간은 기둥과 창방에 달은 운각판(雲刻板)과 더불어 운치
를 한층 돋우어 준다.

이 정자의 건립 연대는 '동궐도형'에 호리병 모양의 연못가에 부채
꼴 모양으로 그려진 것으로 보아 고종 때 만들어진 것이고, 연못만
은 일본인들이 고친 것이라 추정된다.

관람정 기둥에도 주련들이 있는데, 그 시는 다음과 같다(李廷燮
조사 번역, 「문화재」 17호, 1984).

구슬 발, 비단 기둥에 황곡이 에워싸고
비단 닻줄, 상아 돛대에 백구가 날아가네.
원앙새 조용히 은당수를 쪼으고
새끼 제비 시원스레 전우의 바람에 날으네.
무지개 다리 돌아서 비단 전각에 닿았고
그림배 물에 뜨니 봉래산에 가깝네.
(珠簾繡柱圍黃鵠 錦纜牙檣起白鷗
彩鳧静點銀塘水 乳燕涼飛玉宇風
橋轉彩虹當綺殿 艦浮花鷁近蓬萊)

관람정   6개의 초석 위에 단면이 둥근 기둥을 세웠는데
4개의 기둥은 연못 속에 세워져 있다. 현재까지는 평면
이 부채꼴 모양인 정자로는 이 관람정 하나뿐이다.
(옆면)

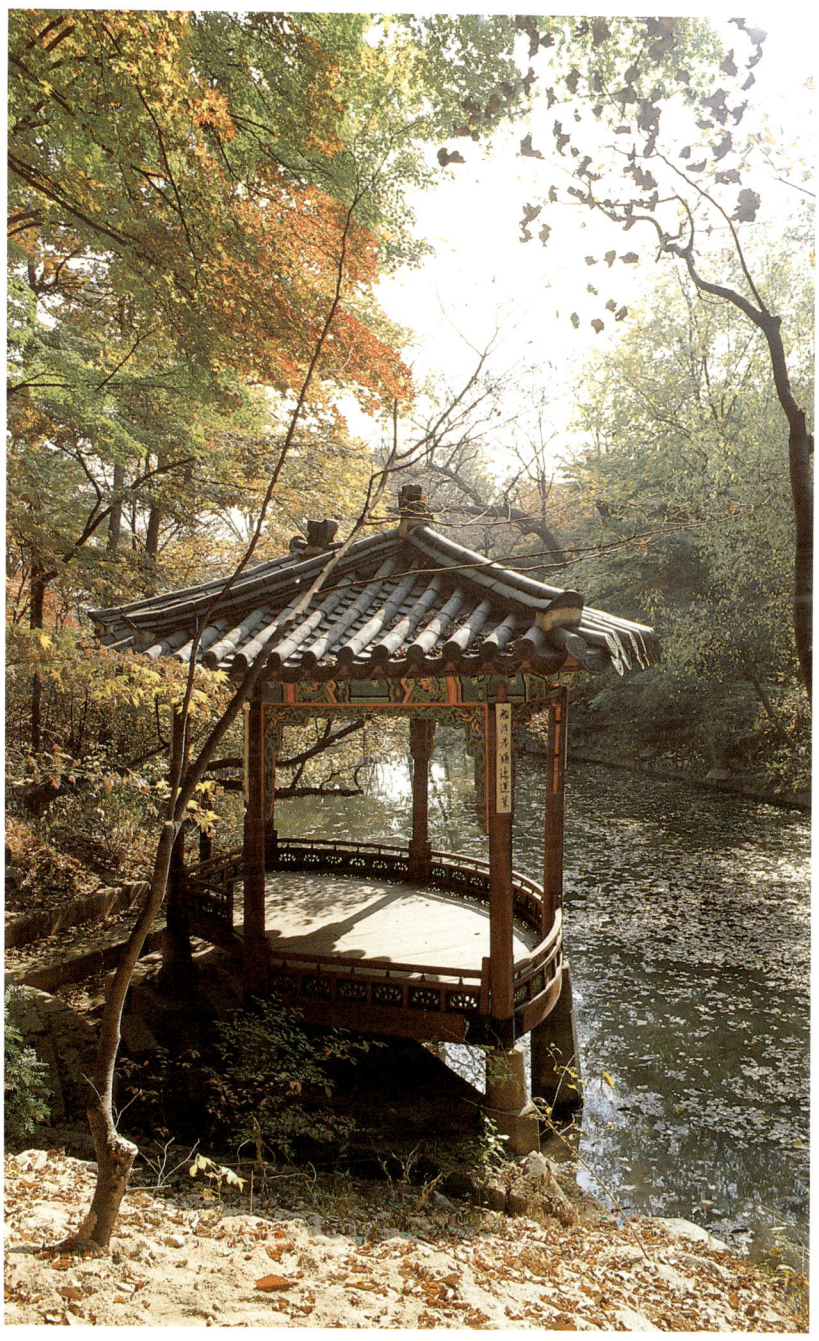

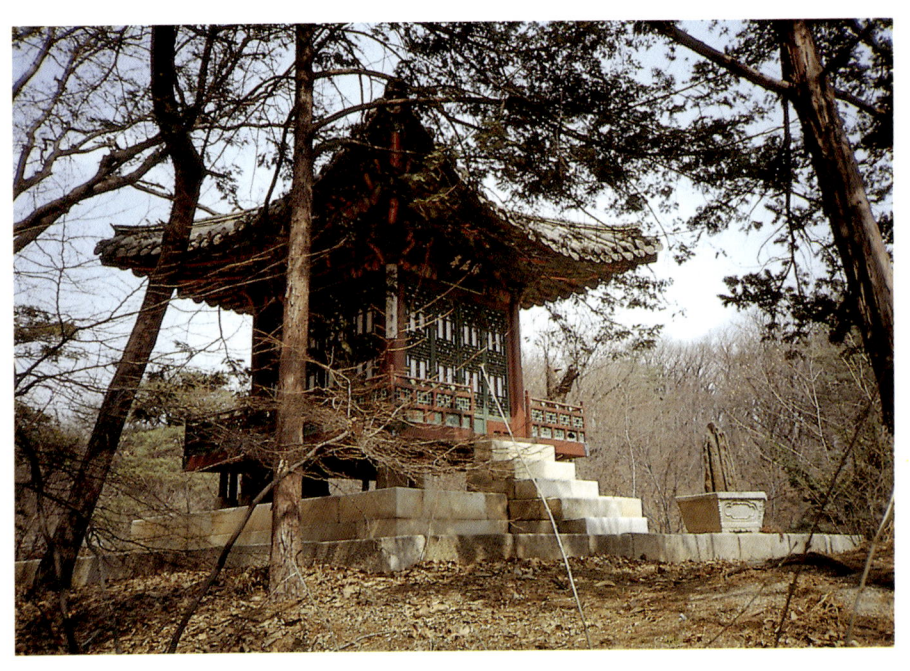

승재정 관람정 남쪽 언덕 위에 자리잡고 있어 관람정을 내려다볼 수 있다. 장대석을 두벌대로 쌓은 정방형 기단 위에 팔모로 다듬은 초석을 놓고 두리 기둥을 세워 익공을 놓아 결구하였다.

승재정(勝在亭)

관람정 남쪽 언덕 위에 자리잡고 있어 관람정을 내려다볼 수 있 70쪽 사진
다. 장대석을 두벌대로 쌓은 정방형 기단 위에 팔모로 다듬은 초석
을 놓고 두리 기둥을 세워 익공을 놓아 결구하였다.

처마는 겹처마이고 지붕은 사모지붕으로 연경당의 농수정처럼
중앙에 절병통을 놓았다.

사방에 궁창부가 이층으로 된 평난간을 두른 툇마루를 놓고 네
짝 완자살 무늬의 문짝들을 달았는데 두 짝씩 접어 들쇠에 매다는
들어열개로 하였다.

승재정 주련의 한시는 다음과 같다(李廷燮 조사 번역,「문화재」
17호, 1984).

태액지 못가에서 옥술잔 보내고
파향전 전각 위에 붉은 연 머물도다.
천 그루 나무에는 용과 뱀이 휘감긴 듯
백 갈래 샘물은 패옥이 울리는 듯.
(太液池邊送玉杯 披香殿上留朱蕐
龍蛇亂攫千章木 環珮爭鳴百道泉)

존덕정(尊德亭)과 연지(蓮池)

관람정을 지나 안쪽으로 조금만 들어가면 육모정 정자인 존덕정 73쪽 사진
과 커다란 연못이 있는데, 이 연못의 물이 차서 넘치면 개천으로
흘러서 관람정 정자 앞 연못인 반도지로 흘러들게 된다.

도랑에는 홍예를 튼 아름다운 돌다리가 있다. 다리의 엄지 기둥에 72쪽 위 사진

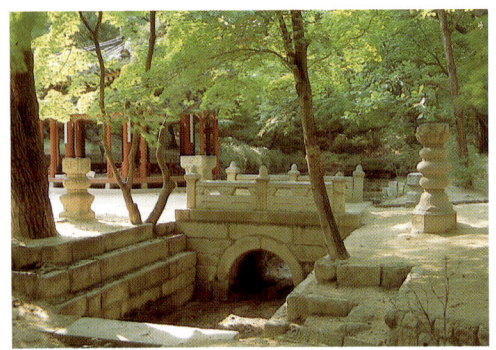

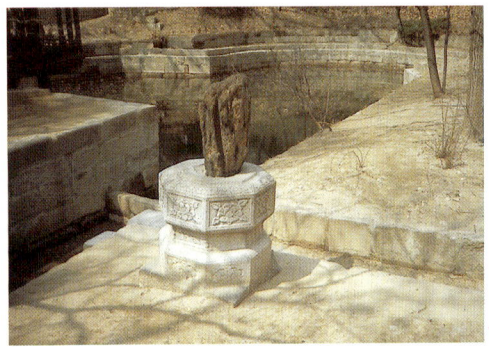

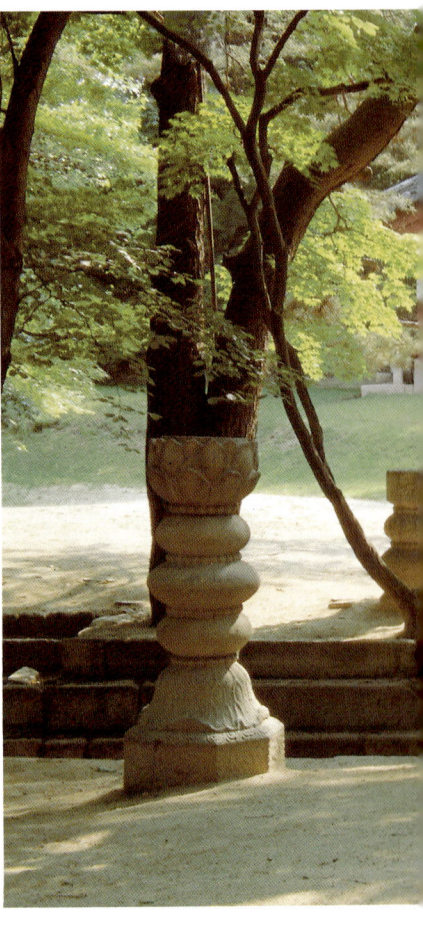

존덕정 주변 관람정을 지나 안쪽으로 조금만 들어가면 육모
정 정자인 존덕정과 커다란 연못이 있다. 위는 존덕정에
이르는 홍예교이고 아래는 연못 주변의 괴석, 오른쪽은
존덕정 주변 전경이다.

법수를 놓고 난간 두겁대는 하엽(荷葉)으로 받치고 궁창부는 안상을
조각하였다.

　이 돌다리를 건너기 전 양쪽에는 석함이 좌우에 하나씩 놓여 있
고, 다리를 건너면 왼쪽에 키가 높은 석물이 하나 있는데, 이것을
해시계를 받치는 일영대(日影臺)라고 하지만 사실은 이 위에 괴석
을 담았던 석함을 받치는 대석인 것을 「조선고적도보」 10권의 사진

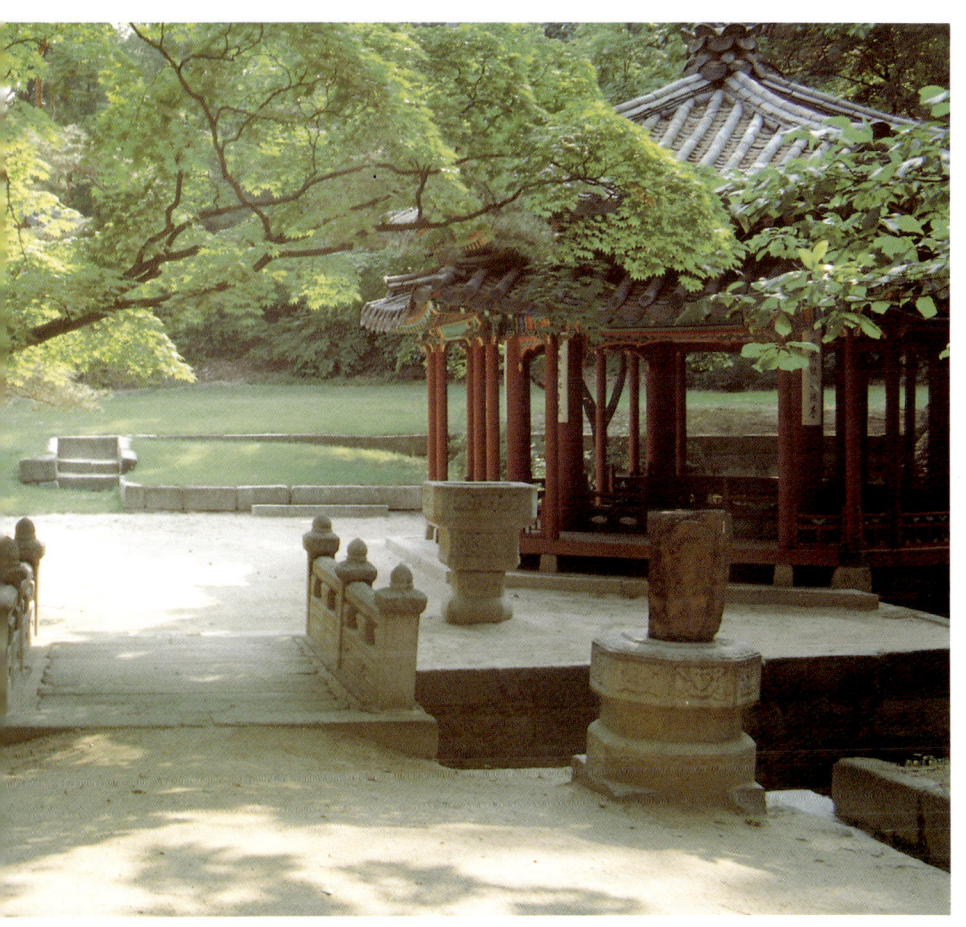

으로 알 수 있다.

　연못과 개천의 가장자리는 장대석을 바른층쌓기로 하여 궁궐
후원의 못과 개천답게 정교하고도 정갈한 맛을 주고 있다.

　이 연못가의 정자 존덕정도 후원의 그 어느 정자보다 화사하고
정교하다.

　6각형 평면의 긱 모시리에 둥근 원기둥을 세워 수누와 점차로

공포를 짠 주심포식으로 기둥 사이에는 화반을 놓아 주심도리를 받치고 또 창방 아래는 빗살 무늬 문짝과 꽃살 교창을 반반씩 달았는데 빗살무늬 문짝 아래는 문설주와 인방이 짜여지고, 꽃살 교창 아래는 낙양각을 두었다.

내부 천장은 앞뒤 안쪽 기둥 위에 들보를 걸고 이 2개의 들보 위에 다시 원형의 주두와 첨차로 짜여진 대공을 놓아 6각형 우물천장을 받치고 있다. 그리고 천장은 꽃살 교창과 그 아래 낙양각과 더불어 용상(龍床) 위의 보개천장(寶蓋天障)과 같은 모습을 이루고 있어 아주 화려하다.

지붕은 처마에 잇대어 따로이 하나 더 만들었기 때문에 그 아래는 개방된 툇간이 되면서 집 전체는 지붕이 겹친 이층 지붕을 이루고 있다.

'동궐도'에는 이층 지붕 모양의 정자가 있으나 이름은 없고 또 그 앞쪽에는 단지 네모난 연못만이 그려져 있는 것으로 보아 현재와 같이 정자와 연못들이 이루어진 것은 '동궐도형'을 통하여 볼 때 고종 때 만들어진 것으로 생각된다.

폄우사(砭愚榭)

75쪽 사진 존덕정 안쪽에 자리잡고 있다. 정면 3칸, 측면 1칸으로 장대석을 한벌대로 두른 낮은 기단 위에 네모 뿔대의 다듬은 초석을 놓고 네모 기둥을 세워 익공을 놓아 결구한 초익공집이다. 지붕은 맞배지붕으로 양쪽 박공에 풍판(風板)을 달았고 처마는 홑처마이다.

평면은 2칸의 온돌방과 1칸의 마루로 구성되었는데 방에는 띠살 창호를 달았으나 마루에는 정면과 옆면은 창호 없이 개방하였고 평난간을 둘렀다. 전면에는 폭이 좁은 툇마루를 달아 밖에서 디딤돌

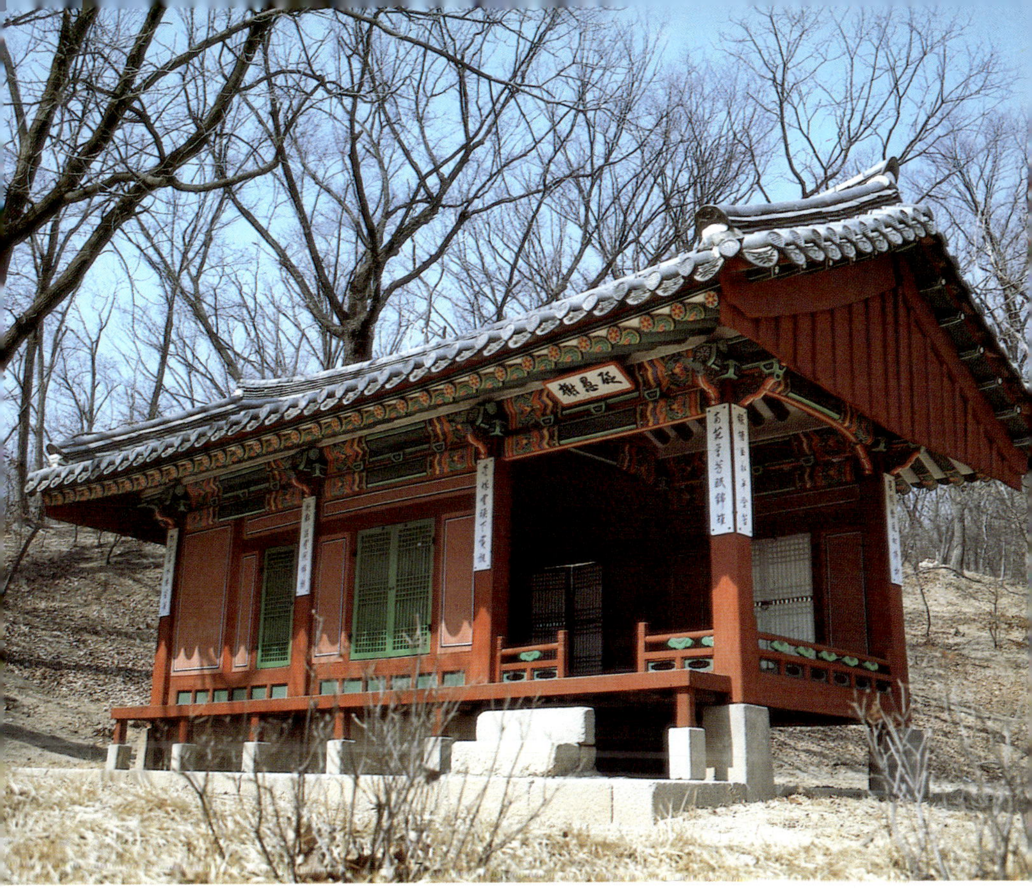

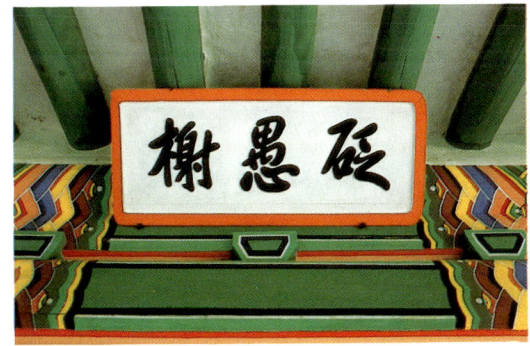

폄우사   정면 3칸, 측면 1칸으로 장대석을 한벌대로 두른 낮은 기단 위에 네모 뿔대의
  다듬은 초석을 놓고 네모 기둥을 세워 익공을 놓아 결구한 초익공집이다. 위는 폄우
  사 진경, 이래는 현판이다.

을 딛고 손쉽게 방이나 마루에 드나들 수 있게 하였다.

　이 집은 '동궐도'나 '동궐도형' 모두에 그려져 있는 것으로 보아 적어도 1827년 이전에 건립된 것으로 판단된다. 왜냐하면 인조 22년(1644) 육모정을 짓고, 뒷날 이를 존덕정이라 고쳐 불렀다는 기록이 있고 또 존덕정과 더불어 이 집이 다 함께 '동궐도'(1827년 이전에 그려진 것)에 그려져 있는 것으로 보아 입증이 된다.

　이곳에 있는 주련의 시는 다음과 같다(李廷燮 조사 번역, 「문화재」 17호, 1984).

　　남원에 풀 꽃다우니 수꿩이 졸고 있고
　　협성에 구름 따스하니 예모가 내려오네.
　　절벽에 구름 지나가니 비단이 펼쳐지고
　　성근 솔 물에 가리니 생황이 연주되네.
　　숲 아래 물소리는 와자한 웃음소리
　　바위 사이 나뭇빛은 은은한 방안이네.
　　화각의 실바람은 버들가지 스쳐가고
　　은당의 물굽이는 이끼 반쯤 머금었네.
　　(南苑草芳眠錦雉　夾城雲暖下霓旄
　　絕壁過雲開錦繡　疎松隔水秦笙簧
　　林下水聲喧笑語　巖間樹色隱房櫳
　　畵閣條風初拂柳　銀塘曲水半含苔)

취규정(聚奎亭)

　이 정자는 인조 18년(1640)에 창건되었다고 하는데 '동궐도'에 그 모습을 드러내는 것으로 보아 이 기록이 옳다고 본다.

정면 3칸, 측면 1칸의 단층 팔작집으로 장대석 한벌대로 된 낮은 기단 위에 네모 뿔대의 운두가 낮은 다듬은 초석을 놓고, 네모 기둥을 세워 납도리로 결구한 민도리집이다.

처마도 부연이 없는 홑처마이고 평면은 모두 마루를 깔고 사면 모두 창호와 벽체 없이 개방하였는데 단지 삼면에만 평난간을 두른 소박한 모습을 하고 있다.

이 정자는 존덕정으로부터 비교적 가파른 언덕 오솔길을 따라 고개 넘어의 옥류천으로부터 산마루에 올라와서 쉽게 쉴 수 있는 곳으로 마련하였다.

취규정 이 취규정에서는 박석을 깐 오솔길이 내려다보이고, 산마루를 지나 언덕 너머에 옥류천이 있어 쉬는 곳으로서의 기능을 충분히 발휘하고 있다.

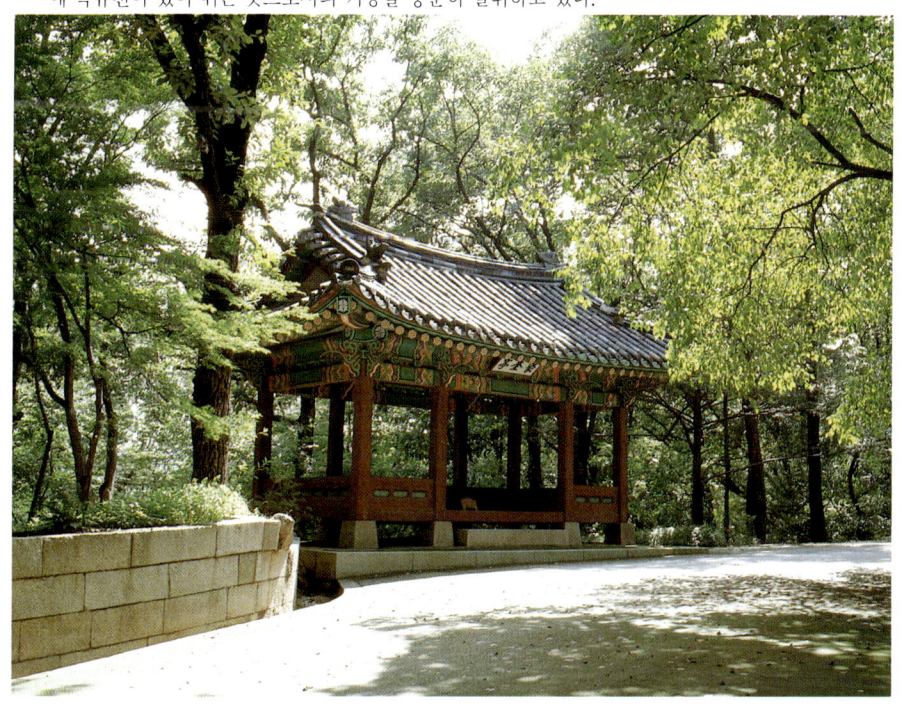

청심정(淸心亭)

이 정자는 존덕정 골짜기와 연경당 뒤쪽 골짜기 사이에 있는 언덕 위에 자리잡고 있다.

「궁궐지」에 의하면 숙종 14년(1688)에 고쳐 지었다고 한다.

또 남쪽 뜰에 돌을 파서 빙옥지(氷玉池)를 만들었고, 동쪽 좁은 골짜기와의 사이에 홍예교를 쌓아 이로 왕래하였다고 하나 오늘날은 빙옥지만 있고 홍교는 없다.

정면 1칸, 측면 1칸의 사모정으로 한벌대 기단 위에 12각형으로 다듬은 초석을 놓고 가는 두리 기둥을 세워 굴도리로 결구한 민도리집 구조이다. 지붕은 홑처마의 사모지붕으로 중앙에 절병통을 놓아 마무리하였다.

정자는 남쪽으로 향하게 하여 언덕 아래를 굽어볼 수 있도록 하였는데, 정면에 돌계단을 두어 마루에 올라설 수 있도록 하였다.

사면에 평난간을 둘렀는데 석계 있는 정면의 중간만 난간을 두르지 않았다.

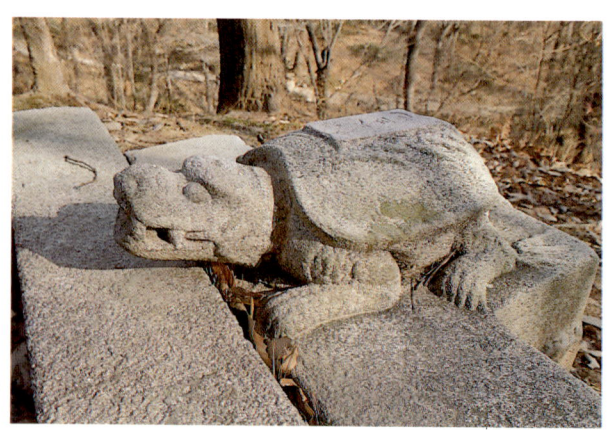

청심정 수조의 돌거북(오른쪽)
청심정과 수조(옆면)

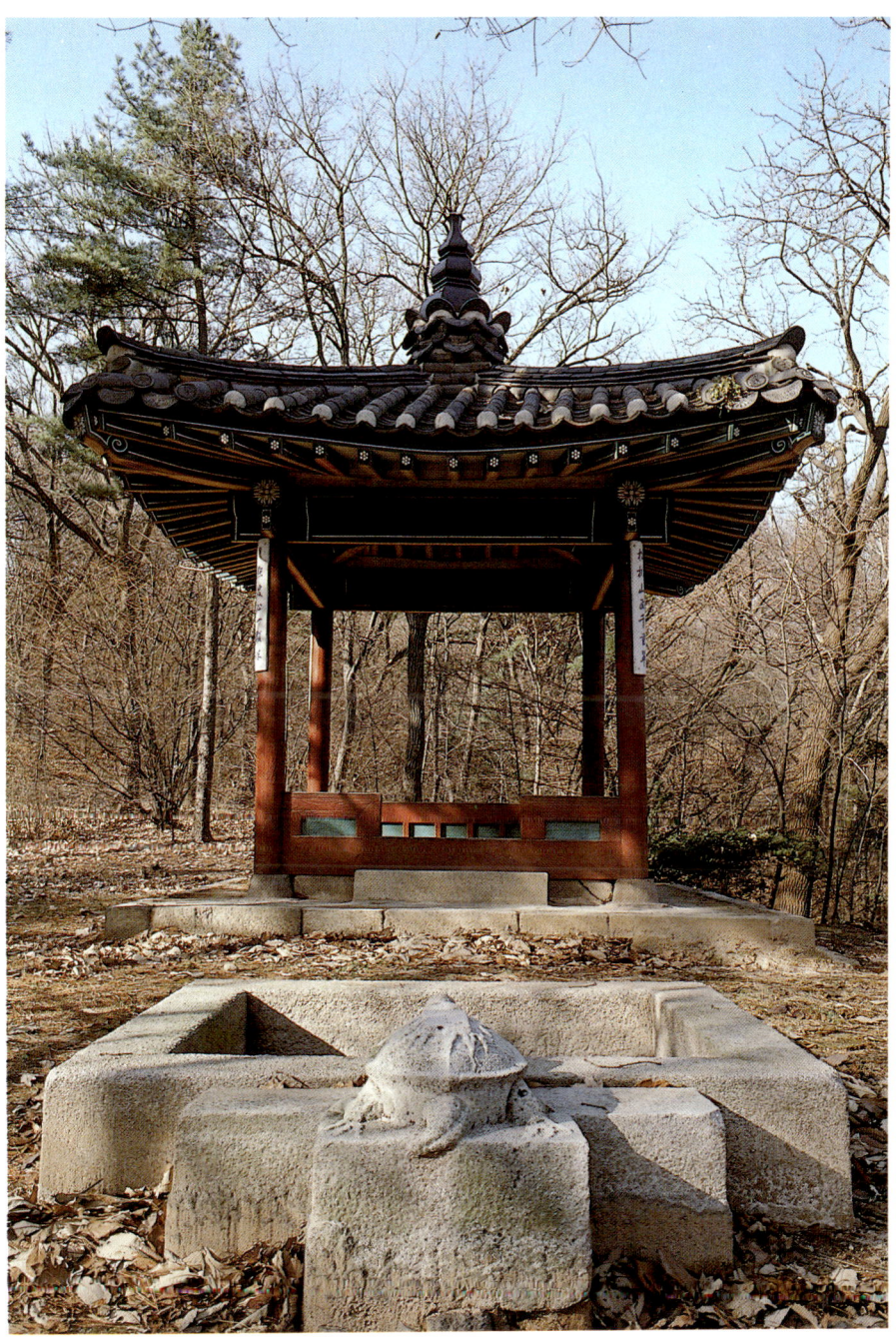

78쪽 사진 정자 정면 조금 떨어진 곳의 장방형 석지에는 거북이 한 마리를 놓아 정자를 바라보게 하였고, 빙옥지라 새겨 놓았다.

이 이름은 정자의 이름 청심정과 맞고 또 서쪽 골짜기에 있는 빙천(氷川)과도 연계되는 이름이라 생각된다.

청심정 주련의 시는 다음과 같다(李廷燮 조사 번역, 「문화재」 17호, 1984).

산앞에 늘어선 솔은 천 겹이나 푸르르고
물 가운데 찍힌 달은 한 알의 진주일레.
암혈의 계수나무 이슬은 선인장의 이슬이요
밭두둑에 핀 난초꽃은 옥병의 얼음일레.
(松排山面千重翠 月點波心一顆珠
巖桂高凝仙掌露 畹蘭清映玉壺氷)

빙천(氷川)

빙천은 어쩌면 후원 안에서 가장 추운 곳인 듯하다. 연경당 서쪽에서 북쪽으로 난 오솔길을 따라 올라가다가 왼쪽의 골짜기로 접어든 한적한 골짜기에 빙천이 있다.

81쪽 사진 이 골짜기는 무더운 한여름에도 양쪽 언덕 위의 우거진 나무 숲에 햇볕이 가려 그늘을 만들므로 그 어느 곳보다도 시원한 그늘을 이루고 있다. 자연 그대로의 골짜기, 높고 낮음과 천연의 바위를 그대로 이용하였고 다만 꼭 필요한 몇 곳에만 인공을 가하였다. 후원의 어느 곳보다도 자연스러운 모습을 이루고 있다.

물을 모아 흘러내리는 가장 높은 곳에서부터 물이 흘러내리는 가장 낮은 터에까지 몇 개의 단으로 나누었다. 냇물이 일단 석루조

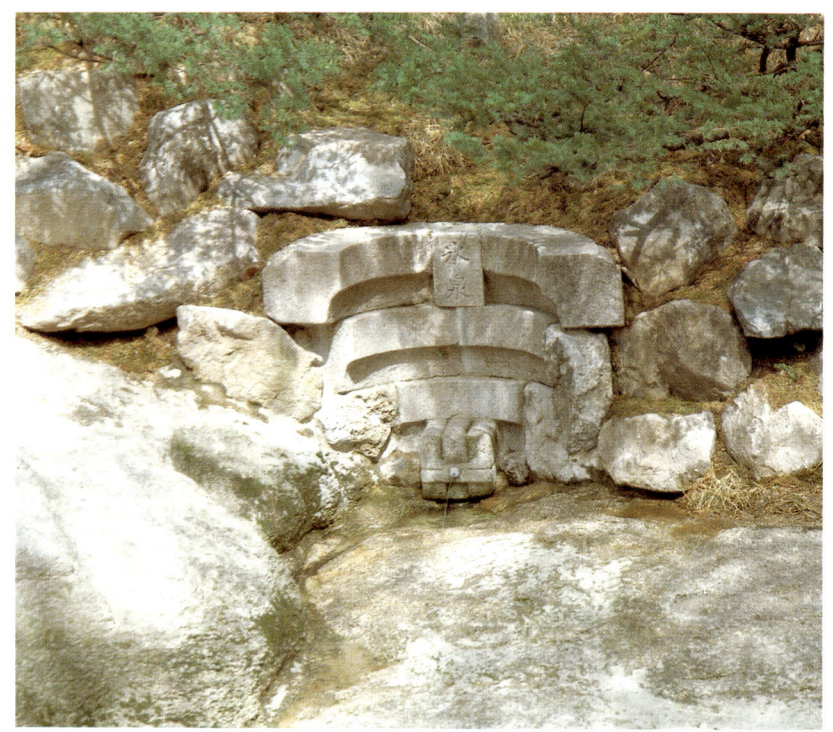

빙천 빙천이 있는 골짜기는 무더운 한여름에도 양쪽 언덕 위의 우거진 나무 숲에 햇볕
이 가려 그늘을 만들므로 시원한 그늘을 이루고 있다.

를 통하여 한 단 낮은 곳으로 떨어지면 이곳 천연의 넓적한 바위에
홈을 파서 일단 그곳에서 물을 모았다가 다시 아랫단으로 흘러보내
게 하였다.

이런 수법은 옥류천의 물굽이와 작은 폭포를 만든 수법이나 또는
경복궁 향원정 샘터에서의 수법들과 모두 일맥 상통하는 것이다.

그리고 이곳 빙천의 냇물이나 이 골짜기에 흘러내리는 물들은
작은 냇물을 이루어 연경당 서쪽 행랑 마당 밑을 통과하여 행랑채
밑으로 흘러나와 연경당 장락문 앞을 흐르고 있다.

옥류천과 그 주변

　　존덕정으로부터 가파른 오솔길을 따라 산등성이에 오르면 시원한 북쪽의 조망이 한눈에 들어오고 낮은 북쪽 계곡에 이르는 또 하나의 오솔길을 돌아 들어서면 정자와 만난다.

83쪽 사진　　그 첫번째 만나는 정자가 취한정(聚寒亭)인데 정자 앞쪽으로 시냇물이 흐르고 그 안쪽에 몇 채의 정자들이 서 있음을 보게 된다.

　　취한정은 '동궐도'에 그려진 것으로 보아 1827년 이전에 건립된 것으로 판단된다.

　　이 정자는 임금님이 옥류천 어정(御井)에서 약수를 들고 다시 돌아나올 때 쉴 수 있게끔 세운 소박한 정자이다.

　　정면 3칸, 측면 1칸으로 장대석 한벌대의 낮은 기단 위에 네모뿔대의 다듬은 초석을 놓고, 네모 기둥을 세워 납도리로 결구한 민도리집이다.

　　지붕은 홑처마의 팔작지붕이고 평면의 3칸 모두 마루를 깔고, 사방에 벽체나 창호를 설치하지 않고 개방하였는데 다만 정면 가운데 일부만 남겨 놓고 높이가 낮은 평난간을 둘러 정자로서의 안정감을 이루고 있다.

　　취한정 주련의 시는 다음과 같다(李廷燮 조사 번역, 「문화재」 17호, 1984).

　　　온 뜨락의 꽃그림자는 봄 밤에 머문 달이요
　　　정원 가득한 솔 소리는 밤에 듣는 파도일레.
　　　구천의 이슬 고여 금반에 무겁고
　　　오색 구름 드리워 푸른 일산에 엉기었네.
　　　화려한 부채 처음 펼쳐 옥좌로 옮기고
　　　꽃등 번갈아 들어 주진에 비치네.

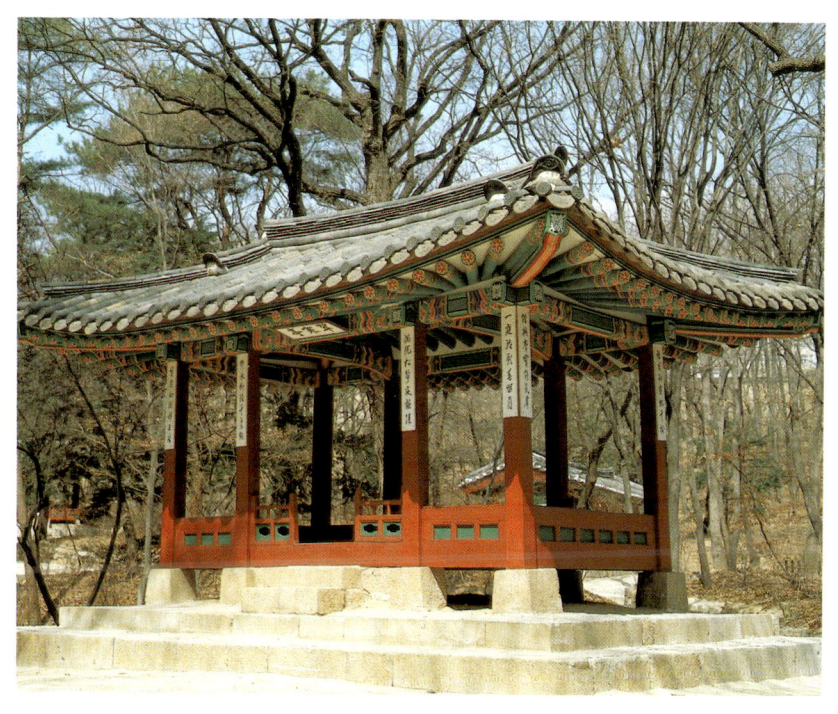

취한정 이 정자는 1827년 이전에 건립된 것으로 판단되는데, 임금이 옥류천 어정에서
약수를 들고 다시 돌아나올 때 쉴 수 있게끔 세운 소박한 정자이다.

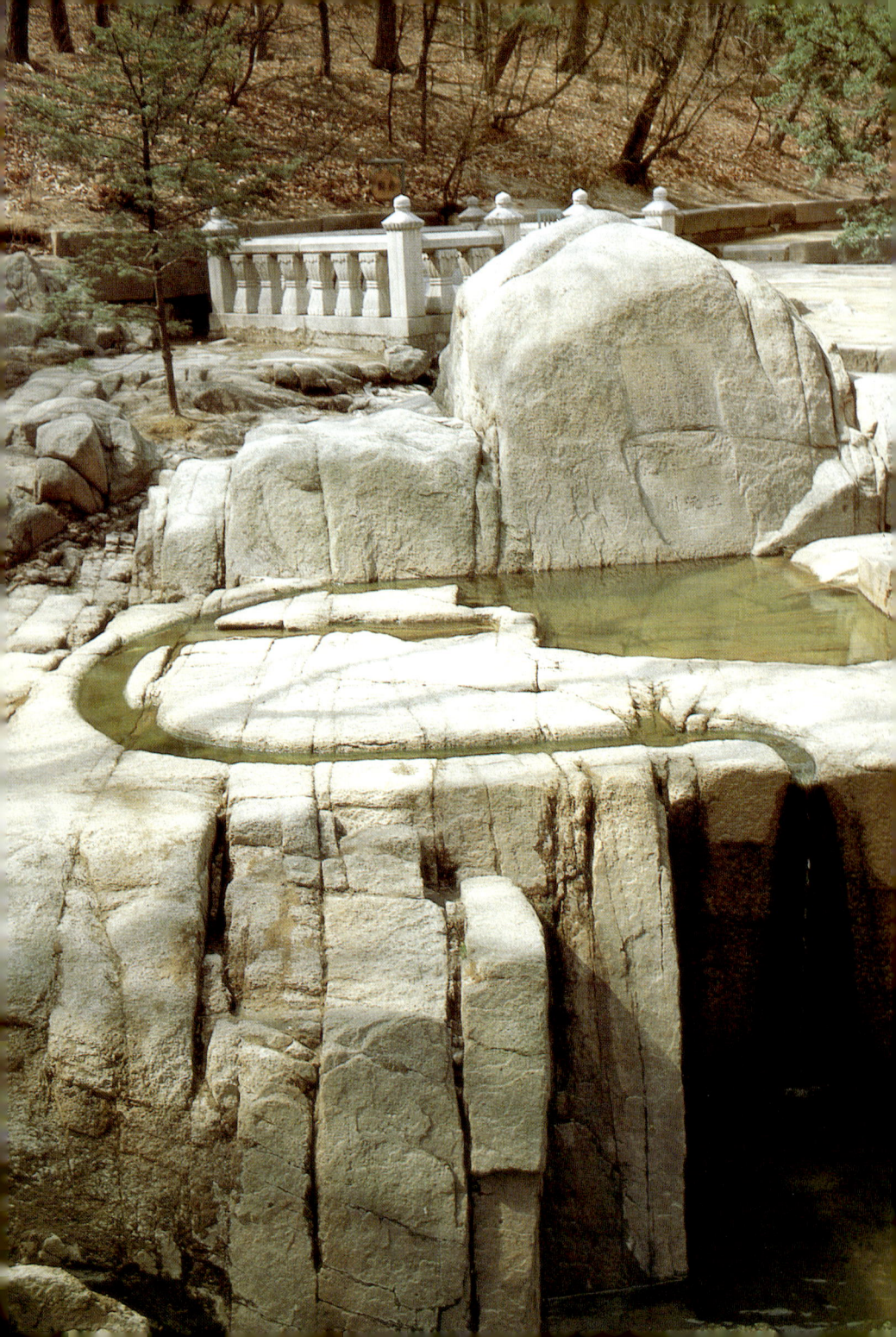

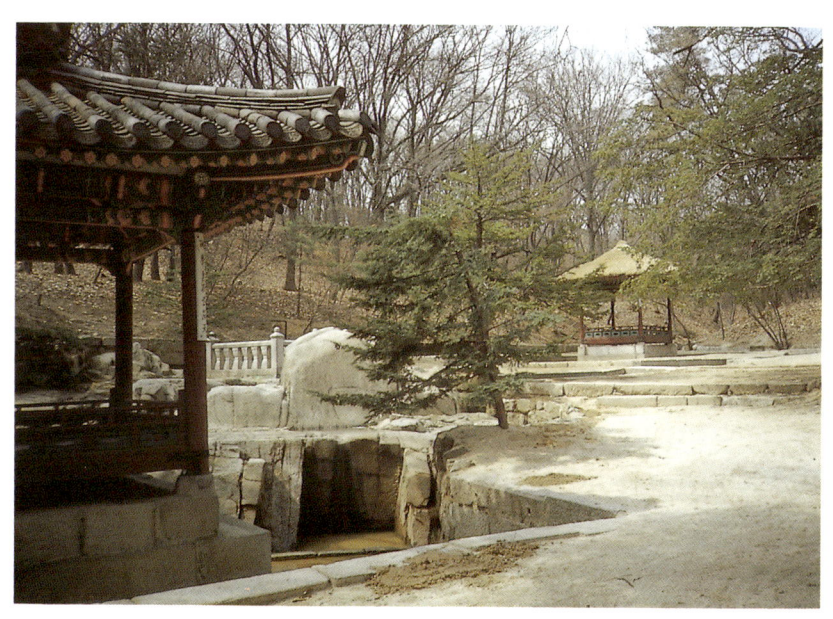

옥류천 주변 왼쪽의 정자가 소요정, 오른쪽의 초가집으로 된 정자가 청의정이다.(위)
소요암 바위에는 "옥류천"이라고 인조 임금이 쓴 글씨를 새겨 놓았고 숙종의 시를
  1670년에 새겨 놓았다. 이 바위 앞쪽에는 물이 돌아 흐르게 둥그런 홈을 팠으며 돌아
  흐른 물은 다시 폭포가 되어 떨어진다.(옆면)

천자 어가는 아득히 천문 버들 길로 나오고
각도에서 머리 돌려 상림원의 꽃 보누나.
이슬 젖은 복숭아나무 천 그루를 심어서
하늘 높이 날으는 학떼들에게 빌려 주리.
물에 스치는 버들개지 천만 점이네.
(一庭花影春留月 滿院松聲夜聽濤
九天露湛金盤重 五色雲垂翠蓋凝
寶扇初開移玉座 華燈錯出映朱塵
鸞輿迴出千門柳 閣道廻看上苑花
種成和露桃千樹 借與摩霄鶴數群
拂水柳花千萬點)

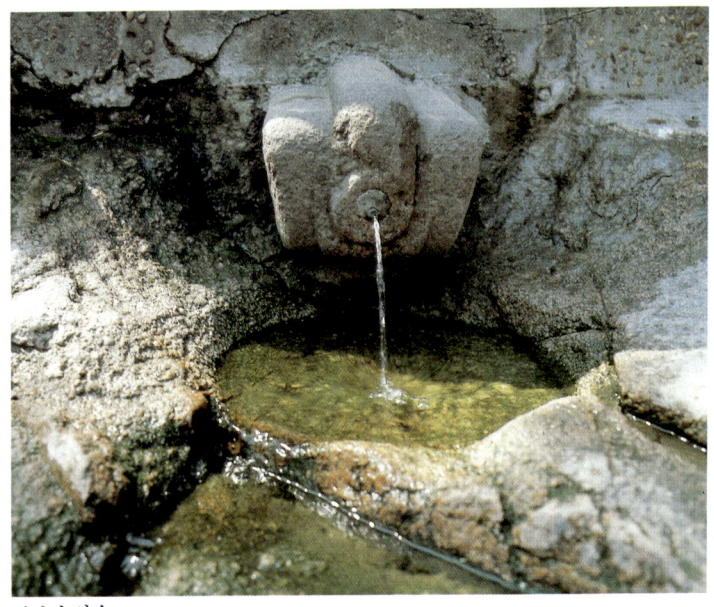

어정의 약수

소요정(逍遙亭)

취한정 위쪽 옥류천가에는 또 다른 정자인 소요정이 자리잡고 있다.

이 정자는 인조 14년(1636)에 건립되었다. 본래 이름은 환서정(歡逝亭)이라 하였는데 뒷날 소요정으로 고쳤다 한다.

정면 1칸, 측면 1칸의 사모정으로 섬처럼 따로 쌓은 장대석 기단 위에 아래는 네모나게, 위에는 둥글게 다듬은 초석을 놓고 둥근 기둥을 세워 익공을 둔 익공집이고 홑처마의 사모지붕인데, 중앙에는 절병통을 놓아 마무리하였다.

마루에 오르는 디딤돌 있는 곳만 빼고 나머지는 모두 평난간을 둘렀다. 특히 이 정자에서는 옥류천과 소요암, 폭포 등을 한눈에 볼 수 있어 심산 계곡의 흥취를 만끽할 수 있다.

소요정 주련의 시는 다음과 같다(李廷燮 조사 번역,「문화재」 17호, 1984).

온 궁원 꽃이 피니 봄날이 길고
팔방이 일없으니 소서가 드물도다.
이슬 기운은 새벽에 청계궁 달과 연했고
패옥 소리 아스라히 자미천에 들려오네.
(一院有花春晝永 八方無事詔書稀
露氣曉連靑桂月 珮聲遙在紫微天)

소요정과 취한정 앞쪽을 흐르는 옥류천은 북악산(北岳山) 동쪽 산줄기의 하나인 응봉(鷹峯) 산록으로부터 흘러내리는 계류와 어정을 파서 흘러나오는 물로 작은 시내가 되어 흐르게 하였다.

특히 어정 옆 본래부터 있던 커다란 바위인 소요암 앞쪽에는 84쪽 사진 물이 돌아흐르게 둥그런 홈을 팠으며 돌아 흐른 물은 다시 폭포가 되어 떨어진다. 이것을 만든 때는 인조 14년(1636)이다.

바위에는 옥류천이라고 인조 임금이 쓴 글씨를 새겨 놓았고, 또한 숙종의 시를 1670년에 새겨 놓았는데 그 시는 다음과 같은 오언절구이다.

"飛流三百尺 遙落九天來 看是白虹起 翻成萬壑雷"

이를 풀이하면 "폭포를 이루며 떨어지는 물길은 300자나 되고, 저 높은 하늘로 부터 온 것이네, 이를 보노라면 흰 무지개가 일고, 온 골짜기에 천둥 번개를 치네"라는 뜻이 된다.

89쪽 사진 어정에 이르기 위해서는 옥류천 위에 놓인 작은 다리를 건너는데 이 다리 아래 물 속에는 작은 디딤돌 하나와 돌확이 하나 있다. 돌확은 네모났는데 가운데 물 괴는 곳은 둥근 원형으로 태극 무늬가 새겨져 있다. 디딤돌을 딛고 이 물확에 가득찬 물로 손을 씻으면 그 시원한 맛은 한여름 무더위를 잊게 해준다.

어정은 돌난간을 두르고 정갈하게 꾸몄는데 '동궐도'에는 옥류천과 오언시만 있고 어정은 보이지 않는 것으로 보아 후대에 만든 것으로 판단된다.

더욱이 '동궐도형'에도 어정은 보이지 않고, 이 먼 거리에 못(池)으로만 그려져 있는 것을 볼 때 분명 고종 이후에 만들어진 것으로 생각된다.

90쪽 사진 어정 안쪽으로는 청의정(淸漪亭)이 자리잡고 있다. 이 정자는 궁궐 안에서 초가지붕을 한 오직 하나뿐인 특이한 정자이다.

91쪽 사진 이 청의정에 이르는 길은 옥류천 쪽에서는 두 장의 판석을 놓아 만든 소박한 돌다리로 건너오고 어정 쪽으로부터는 정자와 논 주위의 좁은 길을 따라 정자에 이른다.

정자를 앉힌 곳은 소요정에서처럼 지면보다 한 단 낮게 터를 고르고 여기에 장대석 한벌대로 기단을 쌓았다.

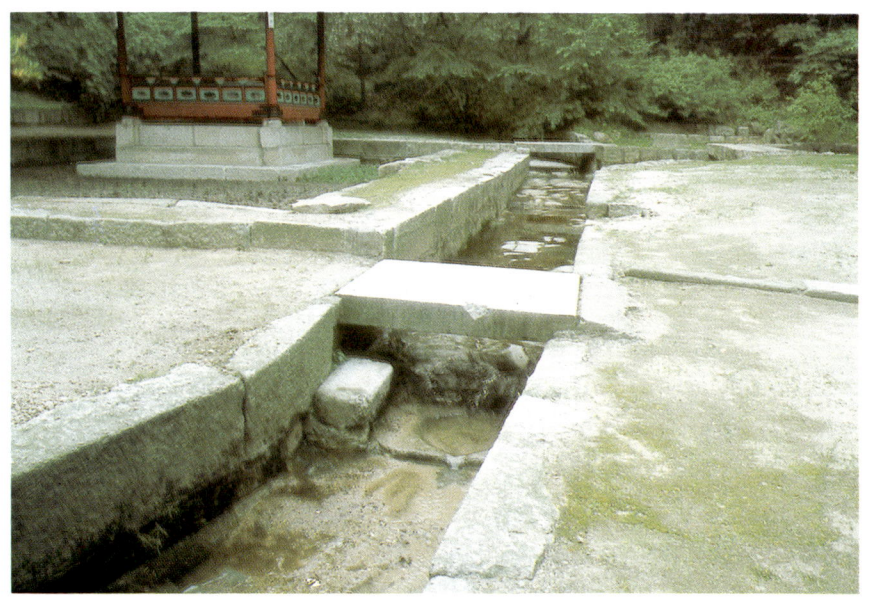

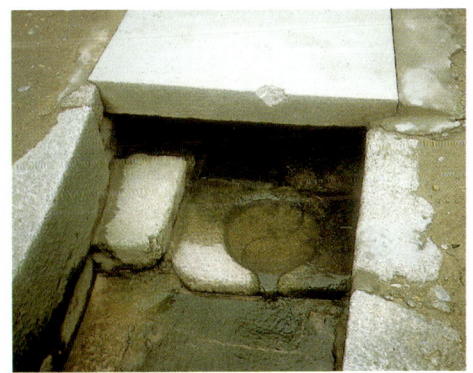

어정에 이르는 돌다리 어정에 이르기 위해서는 옥류천 위에 놓인 작은 다리를 건너는
데 다리 아래 물 속에는 작은 디딤돌 하나와 돌확이 있다. 돌확은 네모났는데 가운데
물 괴는 곳은 둥근 원형으로 태극 무늬가 새겨져 있다.(위, 아래)

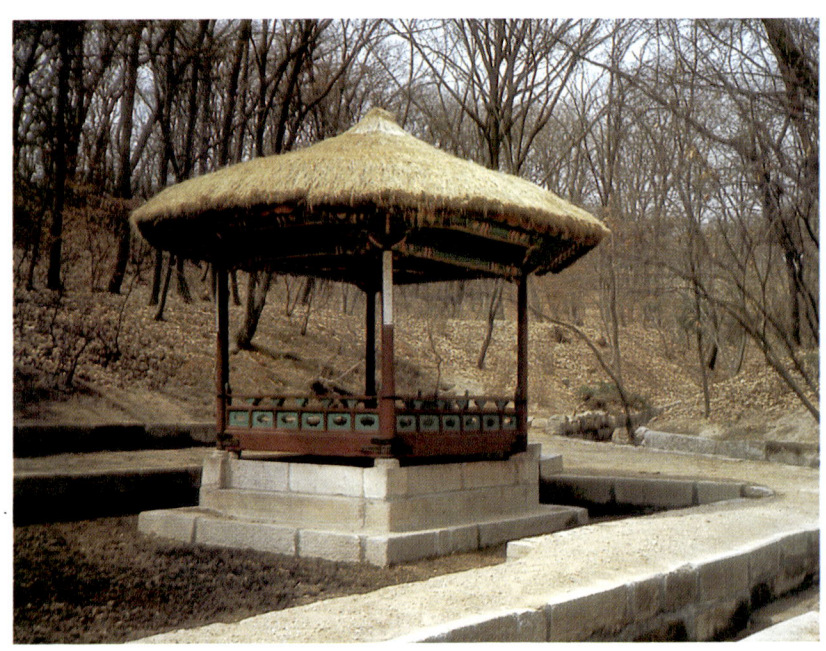

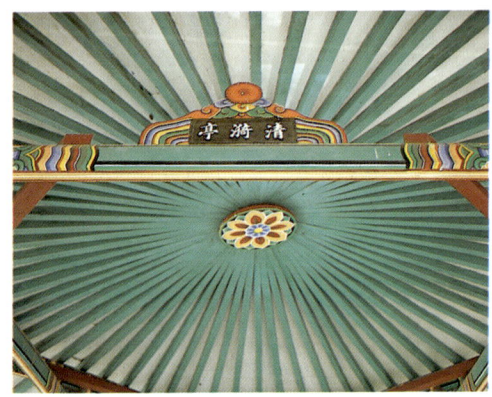

청의정 정자의 꾸밈새는 지붕 아래는 아기자기하여 공예적이고 또 단청을 하여 화사하기 그지없는데 지붕만은 초가로 하여 소박한 모습으로 묘한 대비를 이룬다.(위, 아래)

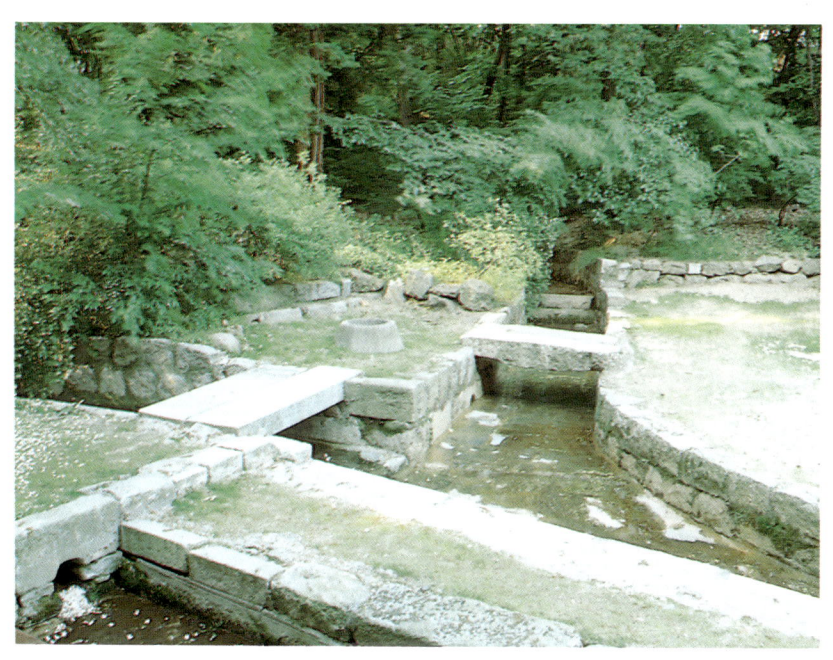

청의정에 이르는 길　청의정에 이르는 길은 옥류천 쪽에서는 두 장의 판석을 놓아 만든
소박한 돌다리로 건너오고 어정 쪽으로부터는 정자와 논 주위의 좁은 길을 따라 정자
에 이른다.

기둥머리는 작은 포작을 짜서 8각형의 도리를 받치고 이 위에 팔각형 지붕을 형성하고 짚으로 이엉을 이어 마감하였다.

바닥 네 가장자리는 마루에 오르는 곳만 남겨 두고 안상으로 궁혈을 치장한 평난간을 둘렀다.

정자의 꾸밈새는 지붕 아래는 극히 아기자기하여 공예적이고 또 단청을 하여 화사하기 그지없는데 지붕만은 초가로 하여 소박하기 그지없어 묘한 대비를 이룬다.

임금님은 이 정자 앞쪽에 만든 논에 손수 모를 내어 벼를 심고 또 그 수확으로 얻은 볏짚으로 이 정자의 지붕 이엉을 잇게 하여, 농사의 막중함을 행동으로써 백성들에게 일깨워 주었던 것이다.

청의정 주련의 시는 다음과 같다(李廷燮 조사 번역,「문화재」17호, 1984).

신선 이슬은 길이 요초에 엉겨 푸르르고
채색 구름은 깊이 옥지를 감싸 고와라.
물고기 물에 뛰니 때마다 발랄하고
꾀꼬리 깊은 숲에 머물러 오래 배회하네.
(儒露長凝瑤草碧 彩雲深護玉芝鮮
魚躍文波時撥剌 鶯留深樹久俳徊)

청의정 북쪽 바로 옆에는 태극정(太極亭)과 용산정(龍山亭)이 자리잡고 있다. 이들 두 정자는 이 골짜기의 마지막 정자들이다.

95쪽 사진 태극정은 인조 14년(1636)에 처음 세웠는데 처음에는 운영정(雲影亭)이라 하였다.

장대석 세벌대쌓기한 높은 기단 위에 안쪽으로 다시 한벌대의 기단을 만들고 이 위에 다듬은 초석을 놓아 두리 기둥을 세워 굴도리로 결구한 정면 1칸, 측면 1칸의 겹처마 사모정이다.

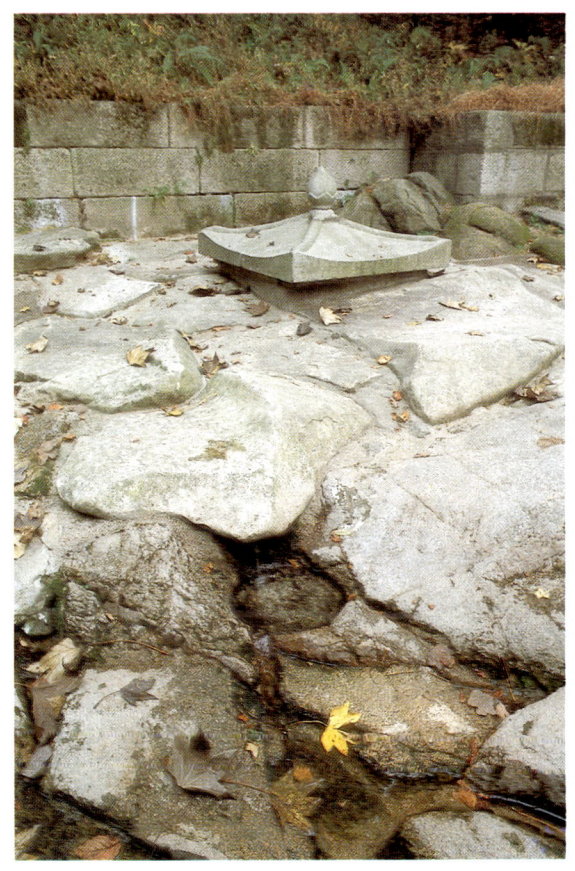

어정 '동궐도'에 옥류천과 오언시만 있고 어정은 보이지 않는 것으로 보아 후대에 만든 것으로 판단된다. 더욱이 '동궐도형'에도 어정은 보이지 않고 먼 거리에 못으로 만 그려져 있는 것을 볼 때 고종 이후에 만들어진 것으로 생각된다.

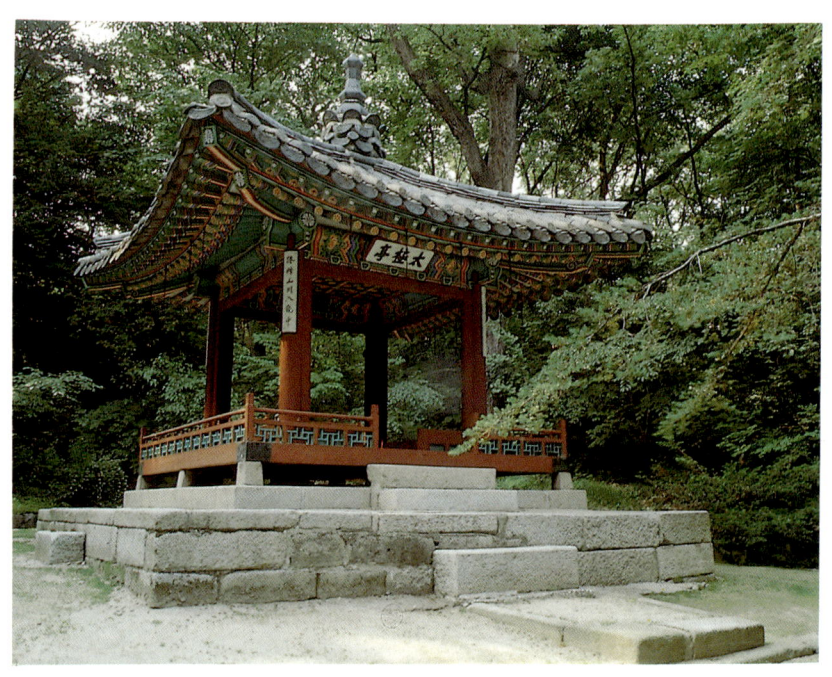

태극정 이 정자는 인조 14년(1636)에 처음 세웠는데 처음에는 운영정이라 하였다. 장대석 세벌대 쌓기한 높은 기단 위에 안쪽으로 다시 한벌대의 기단을 만들고 이 위에 다듬은 초석을 놓아 두리 기둥을 세워 굴도리로 결구한 정면 1칸, 측면 1칸의 겹처마 사모정이다.

지붕 가운데에는 절병통을 놓아 마무리하였고 바닥 기둥 밖으로는 아자살로 궁창부를 꾸민 평난간을 둘렀다. 사방으로 들어열개 창호들을 접어 들쇠에 매달아 정자 모두가 확 트이게 하였다. 93쪽 사진

태극정 아래쪽의 용산정은 정면 5칸, 측면 1칸의 긴 장방형 평면을 이룬 특이한 정자인데 2칸이 대청이고, 2칸이 온돌방, 1칸이 부엌으로 되어 있다.

이 정자의 용도는 임금께서 청의정을 비롯한 옥류천 지역에 나왔을 때 다과상 등을 마련하던 곳으로 생각된다. 때문에 집 모양도 일반 행랑채 모양으로 소박하게 구조했던 것으로 보인다.

두벌대 낮은 기단 위에 다듬은 돌 초석을 놓고 네모 기둥을 세워 납도리로 결구한 홑처마의 맞배지붕을 이루고 있다.

태극정 주련의 시는 다음과 같다(李廷燮 조사 번역, 「문화재」 17호, 1984).

창을 통해 보니 운무는 옷 위에서 피어나고
휘장 걷으니 산천은 거울 속에 들어오네.
버들 가 새벽 누각에 꾀꼬리 소리 들려오고
꽃 속의 비 갠 처마 끝에 제비가 날으네.
(隔窓雲霧生衣上 捲幌山川入鏡中
柳邊樓閣曉聞鶯 花裏簾櫳晴放燕)

다래나무와 석물

후원의 북쪽 산등성이의 길을 따라 서쪽으로 접어들면, 다래나무 98쪽 사진 가 있다. 이 다래나무는 1975년 9월 2일에 천연기념물 251호로 시정받있다.

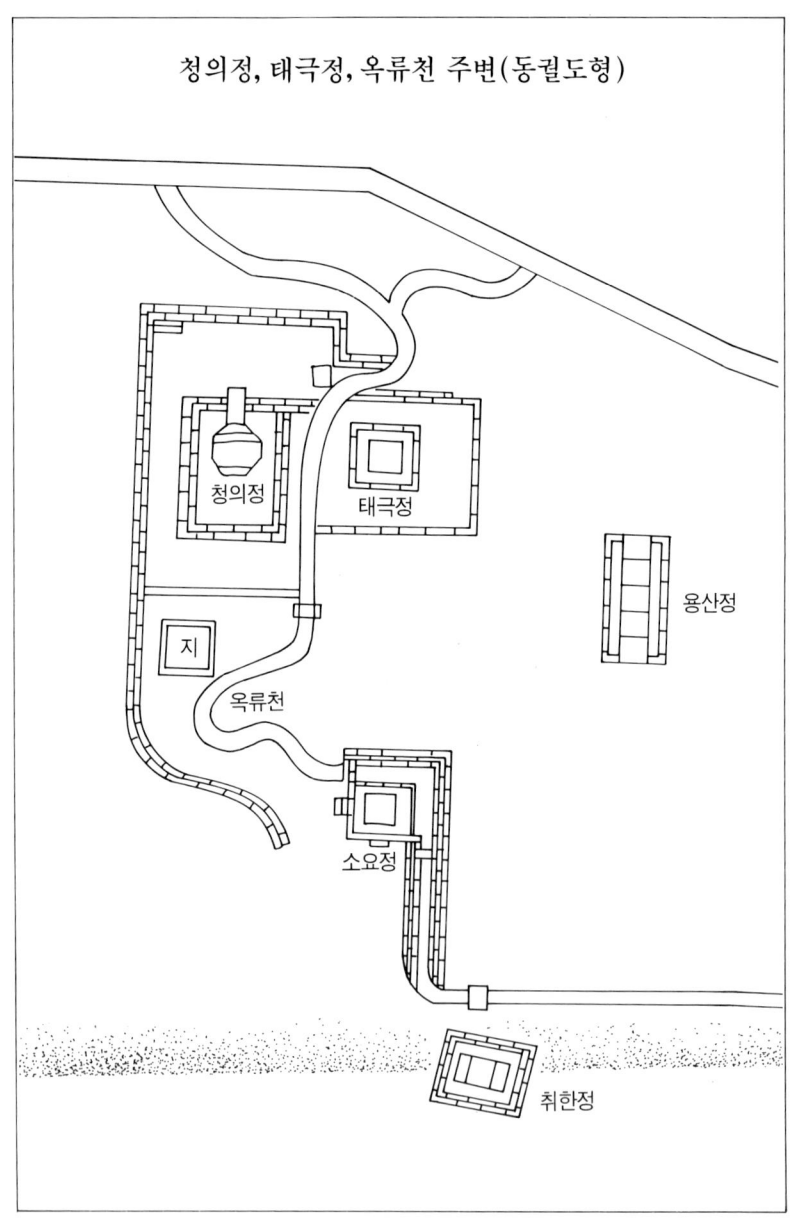

청의정, 태극정, 옥류천 주변(동궐도형)

청의정

태극정

용산정

지

옥류천

소요정

취한정

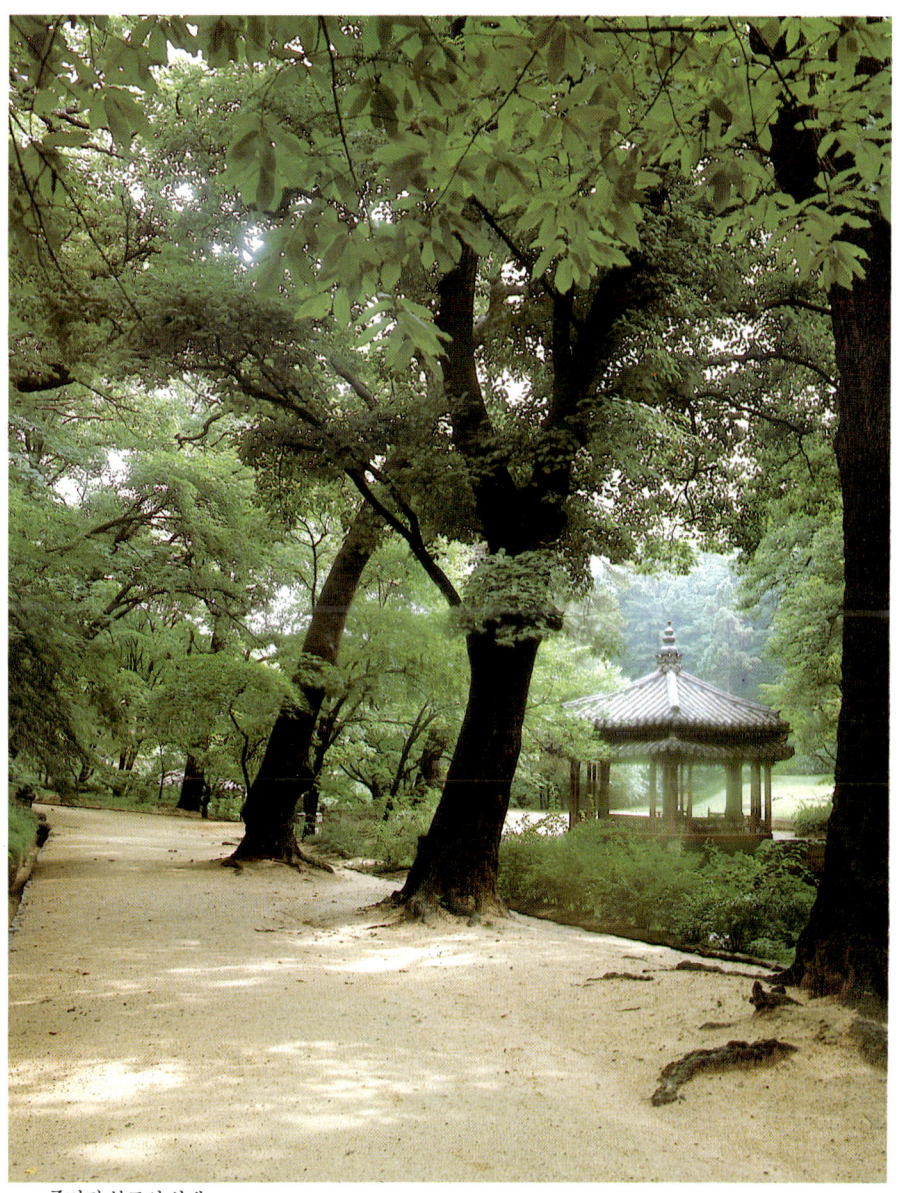

존덕정 부근의 식생

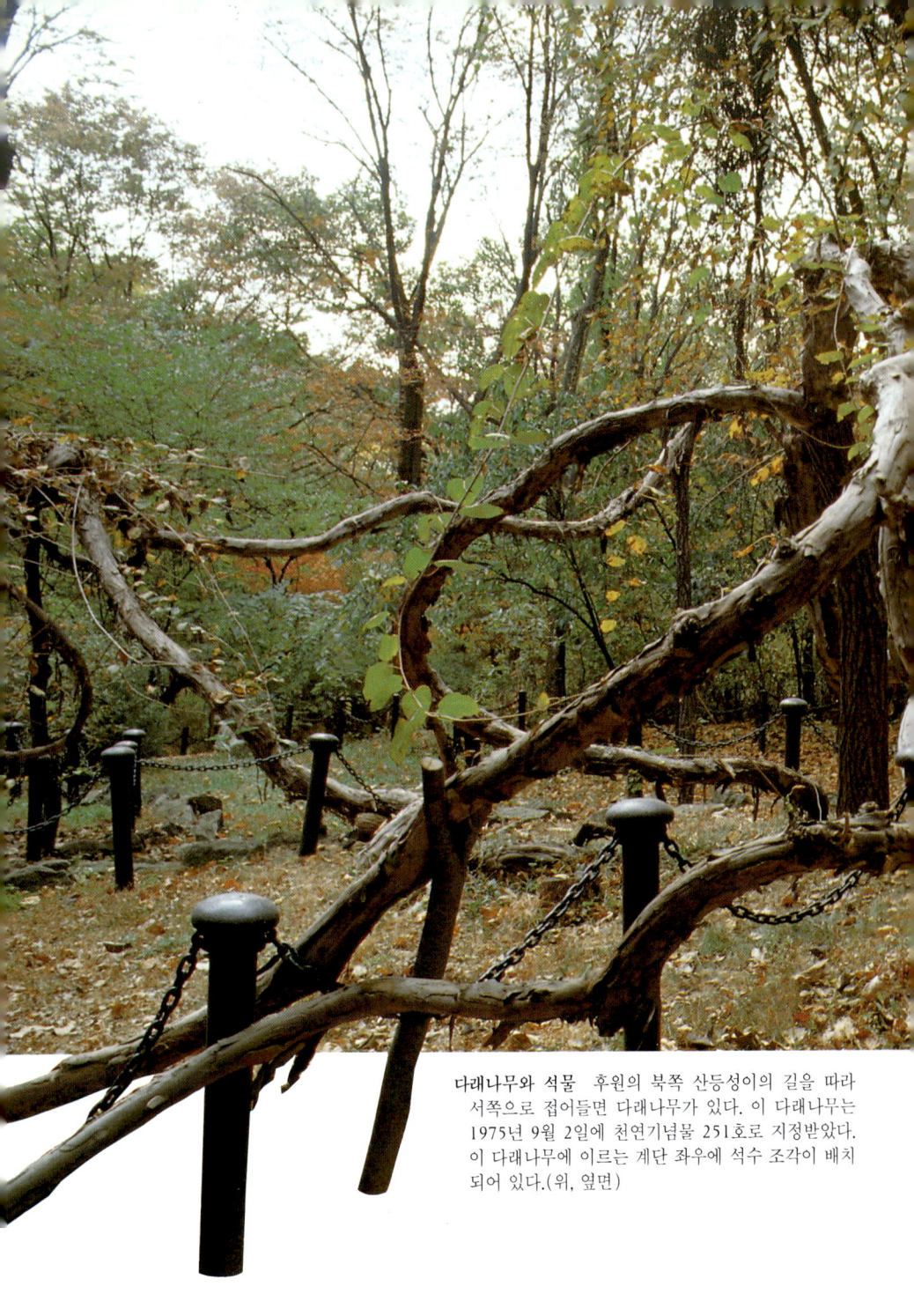

다래나무와 석물 후원의 북쪽 산등성이의 길을 따라 서쪽으로 접어들면 다래나무가 있다. 이 다래나무는 1975년 9월 2일에 천연기념물 251호로 지정받았다. 이 다래나무에 이르는 계단 좌우에 석수 조각이 배치되어 있다.(위, 옆면)

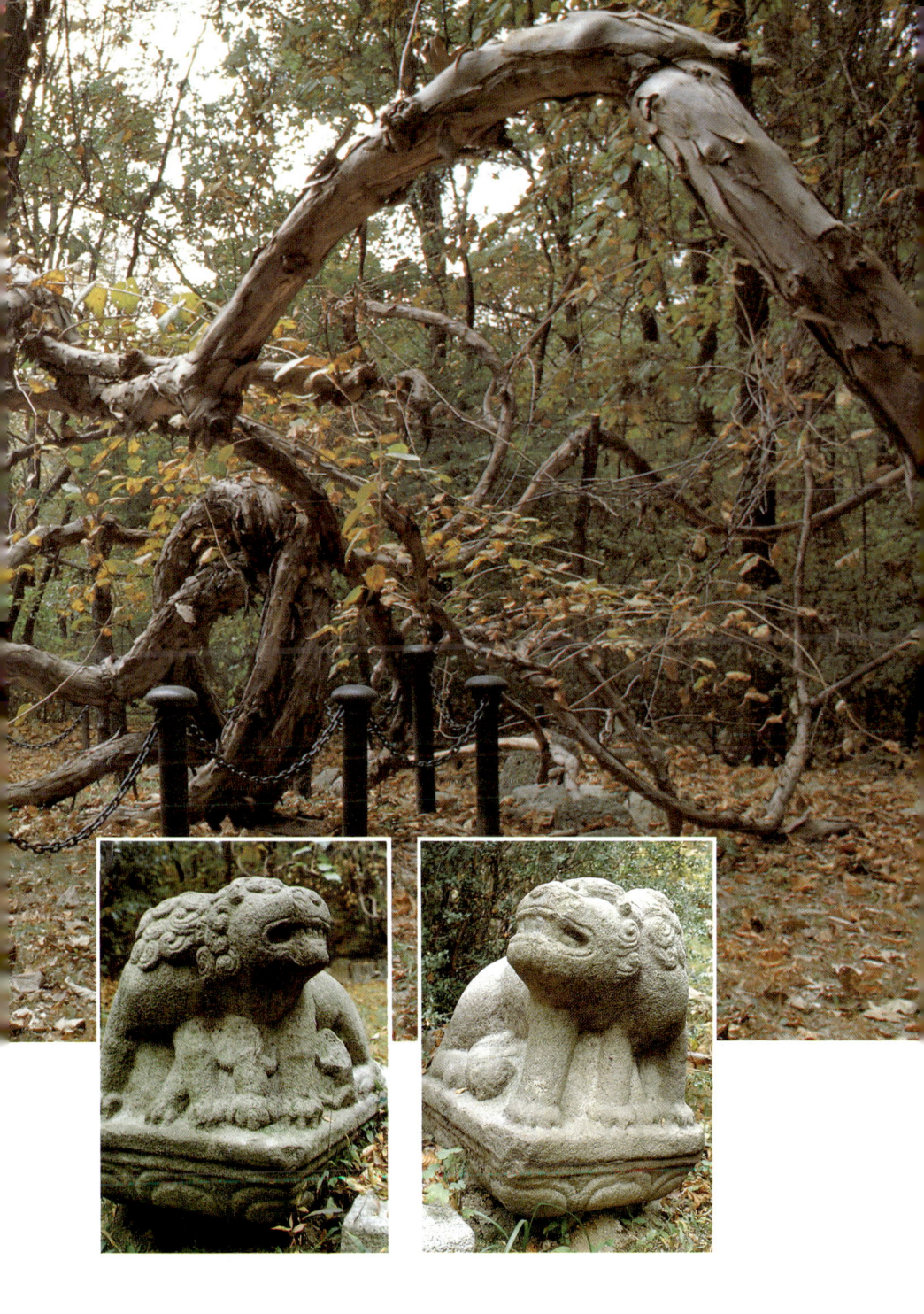

물론 다래나무도 귀한 것이지만 이 다래나무를 심은 터에 이르는 돌계단과 돌계단 양쪽에 늘어 놓은 석수(石獸)들이 더욱 귀한 것이라 생각된다.

왜냐하면 이들이 곧 높낮이 차이가 있는 지대의 단처리를 마감하는 전통 정원의 수법으로 놓은 석물이기 때문이다.

석수는 사진에서 보듯이 그 표정이 재미있고 또 등에 새끼를 거느리고 있다.

작은 석수로 이렇게 표정이 풍부한 석물도 드물다고 생각된다. 역시 궁궐 후원에서나 볼 수 있는 석물이라 판단된다.

후원의 식생(植生)

후원에 자라고 있는 식물들을 살펴보면 어떤 것은 후원을 만들었을 때부터 자라온 것으로 판단되고 어떤 것은 근년에 다시 심어진 것으로 판단된다.

1973년의 한 자료로는 목본식물로 102종이며 이 가운데 자생종 87종, 도입종이 16종이라 한다. 또 침엽수 18종 가운데 외래종이 7종이라 한다. 전체로 볼때 17퍼센트가 침엽수라고 밝히고 있다.

1976년 창덕궁 사무소의 조사에 의하면 수령이 약 300년 이상으로 추정되는 나무들로는 느티나무가 으뜸인데 전체 거목 79주 가운데 37주라 한다.

그 다음은 은행나무 2주, 회화나무 2주, 주목(朱木) 10주, 밤나무 2주, 매화나무 1주로 밝혀졌다.

특히 수령 600년으로 추정되는 천연기념물 제251호의 다래나무와 천연기념물 제194호의 향나무는 후원을 만들 당시부터 심어져 자라온 것으로 판단된다.

조선시대 말기 곧 지금부터 100년 전으로 생각되는 수령 100년 이상의 나무로는 느티나무, 은행나무, 다래나무, 주엽나무, 주목, 회화나무, 밤나무, 향나무, 매화나무, 엄나무, 수양버들, 철쭉, 참나무 등이 있다.

또 비교적 수령이 오랜 것은 단풍나무, 떡갈나무, 배나무, 뽕나무, 앵두나무, 귀롱나무, 작살나무 등이다.

후원이 조성될 당시에는 북악의 소나무숲이 연결되어 많은 소나무가 있었던 것으로 추정되는데, 활엽수 계통의 숲으로 바꾸면서 소나무는 없어진 것으로 판단된다.

'동궐도'에도 소나무숲으로 표현된 것은 많지 않다. 현재 자라고 있는 소나무들은 그 수령이 80년 내외의 것으로 '동궐도'를 그릴 당시의 것은 아니다.

또 '동궐도'에는 곳곳에 버드나무가 많이 심어져 있었는데 그동안 많이 뽑아 버린 것으로 판단된다.

후원에는 이처럼 수목만이 자라고 있는 것은 아니고, 언덕이나 산등성이, 기타 길과 건물 주변의 마당을 제외한 땅을 덮어 자라는 지피식물(地皮植物)들 또한 많은 종류가 있는 것으로 판단된다.

후원의 수목이나 키가 낮은 관목 그리고 지피식물 들은 모두 경관을 고려하여 어떤 곳은 수풀을 우거지게 하고 어떤 곳은 담장 밑이나 뒤뜰 또는 널찍한 마당의 한 쪽에 큰 나무를 심어 나무 하나하나의 주변 경관이 한데 어울려지게 하였다. 또 구릉지는 화계를 두어 여기에 키가 낮은 관목과 화초를 심기도 하였다.

그러나 무엇보다도 중요한 것은 사시사철 늘 푸른 관상수를 심는 것이 아니라 봄이면 움트고 여름이면 잎이 푸르고 무성하며 가을이면 단풍들고 겨울이면 가지만 힘차게 남아 눈꽃을 피우는 그런 활엽수 계통의 나무들을 주로 심었던 것이다. 이것은 바로 후원 식재의 특성이고, 나아가 바로 한국 전통 정원의 식재 특성인 것이다.

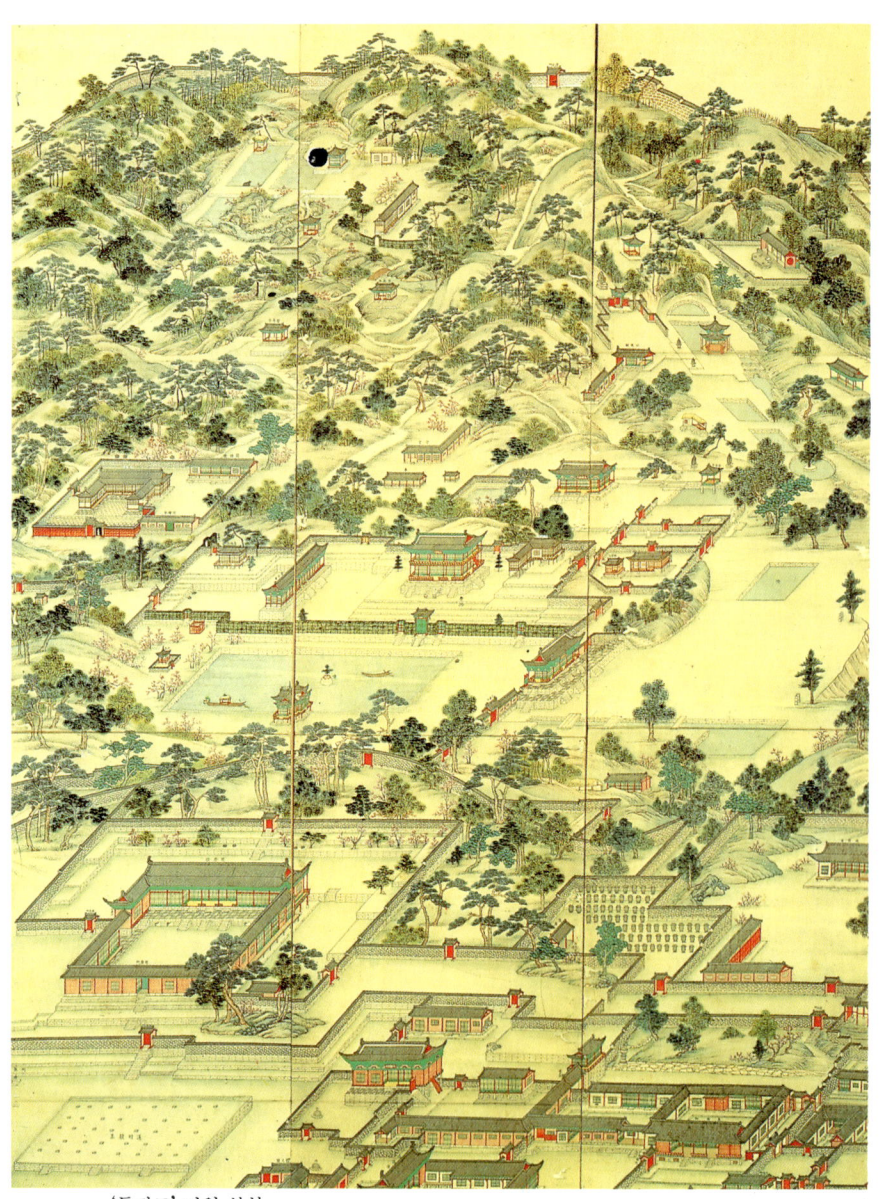

'동궐도' 비원 부분

이처럼 계절의 변화를 잘 드러내는 활엽수 계통을 주로 하는 것은 우리나라 기후가 사철이 뚜렷하기 때문이고, 그것은 곧 자연과 조화되려고 하는 한국 전통 정원의 원리를 지키려고 하는 우리 선조들의 마음가짐을 잘 드러내 주는 것이라 하겠다.

비원은 창덕궁의 후원에 해당하는 곳이다. 그러나 비원은 단지 후원이라는 기능만을 담당하는 휴식을 위한 공간만은 아니었다. 비원의 조영 원리는 인간이 지세에 맞게 적절한 위치에 건물을 지어 그곳에서 잠시나마 머물 수 있고, 나무와 물을 즐길 수 있는 길과 정자가 있어 충분한 휴식 뒤에 좀더 정사에 집중할 수 있는 기력을 회복시켜주는 공간이었다.

이제 과거 왕과 왕실만을 위한 '금원'이 아니라 전통적 조원술을 간직하고 과거의 식생활을 보존하는 자연 공간으로서 애써 가꿔지고 보존되어야 할 문화 유산으로서 비원은 궁궐 조영 원리와 함께 연구되고 평가되어야 할 것이다.

빛깔있는 책들 102-16

비원

글	─주남철
사진	─주남철, 김종섭
발행인	─장세우
발행처	─주식회사 대원사
주간	─박찬중
편집	─김한주, 신현희, 조은정, 황인원
미술	─차장/김진락 윤용주, 이정은, 조옥례
전산사식	─김정숙, 육양희, 이규헌

첫판 1쇄 ─1990년 12월 26일 발행
첫판 8쇄 ─2007년 2월 28일 발행

주식회사 대원사
우편번호/140-901
서울 용산구 후암동 358-17
전화번호/(02) 757-6717~9
팩시밀리/(02) 775-8043
등록번호/제 3-191호
http://www.daewonsa.co.kr

ⓦ 값 13,000원

Daewonsa Publishing Co., Ltd.
Printed in Korea(1990)

ISBN 89-369-0035-8 00540

빛깔있는 책들

건강 식품(분류번호:202)

즐거운 생활(분류번호:203)

건강 생활(분류번호:204)

한국의 자연(분류번호:301)

미술 일반(분류번호:401)

역사(분류번호:501)